經典永恆・名著常在

五十週年的獻禮——經典名著文庫

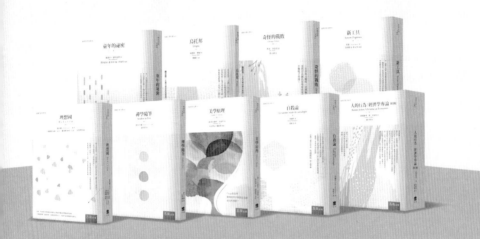

五南，五十年了，半個世紀，人生旅程的一大半，走過來了。
思索著，邁向百年的未來歷程，能為知識界、文化學術界作些什麼？
在速食文化的生態下，有什麼值得讓人雋永品味的？

歷代經典・當今名著，經過時間的洗禮，千錘百鍊，流傳至今，光芒耀人；
不僅使我們能領悟前人的智慧，同時也增深加廣我們思考的深度與視野。
我們決心投入巨資，有計畫的系統梳選，成立「經典名著文庫」，
希望收入古今中外思想性的、充滿睿智與獨見的經典、名著。
這是一項理想性的、永續性的巨大出版工程。
不在意讀者的眾寡，只考慮它的學術價值，力求完整展現先哲思想的軌跡；
為知識界開啟一片智慧之窗，營造一座百花綻放的世界文明公園，
任君遨遊、取菁吸蜜、嘉惠學子！

Pre-design的思想
實踐建築計畫的11個條件

小野田泰明 | 作者
蔣美喬、林與欣 | 譯者
楊詩弘 成功大學建築學系助理教授 | 審定

建築，英文 architecture，拉丁文又稱 architectonics，哲學的專有名詞為「體系論」，意思是指關於知識的架構。本書雖名為「Pre-design 的思想——實踐建築計畫的11個條件」，事實上卻深入淺出的帶著讀者進入建築理論的領域並一窺設計實踐的方法。小野田老師博學的知識與寬廣的視野極適合初學者理解建築為何是個知識體系，也同時是個工作方法。已經能夠閱讀建築平面與剖面的學習者更可以從圖面中摸索設計的巧妙之處。而對於學習建築、設計與規劃，又進入公務體系擔任實務執行者（所謂 agency 或 facilitator），書本後段對於建築作為一個社會機制的討論頗為醍醐灌頂。尤有甚者，本書以 Post-Occupancy 討論 Pre-Design 的研究方法極為重視設計過程中的可能性，看似是檢視

性，看似是檢視考掘卻極為啓發開放。集研究、實踐、服務於一身的小野田老師在本書中展現了建築為何同時是一個知識體系、實踐工具與社會機制的各種面向，是建築學習者、從事者與愛好者不可或缺的好書。

國立交通大學建築研究所講座教授兼人文社會學院院長
曾成德

建築計劃可說是日本發展現代建築重要的內涵所在，展現了日本的現代建築設計專業中最重要的關鍵知識整合及方法，對長期忽略建築計劃重要性的台灣建築界而言，是一本非常值得參閱的好書。

國立成功大學建築系教授兼系主任
吳光庭

從小野田泰明的思考和論述中，我們可以清楚地看到這個時代在空間場域、行為計畫和文化知識之間，有了最傳統和最激進的辯證和想像！他一面樂觀地接受了現實機能和科學理性的系統邏輯；但另一方面也更在行為、場所和經驗上，獲得了處於未明狀態的無限可能！

國立交通大學建築學研究所教授
龔書章

從八十年代末期開始，日本的「建築計畫學」（Architectural Planning）導入了環境行為學及環境心理學的觀點與方法，用以解析逐漸複雜的建築現象。而後者原本起源於西方，屬於社會科學領域的理論，在日本與以工學為基礎的建築思維相互融合後，發展成為了一種獨特的建築理論。在此著重於Pre-Design階段的思考中，相關理論不僅僅只是學術研究的視點與方法而已，同時也可作為建築設計的方法（Architectural Design Method），其最終的目的則是連結至提升人們的生活品質之理想。東北大學建築系小野田泰明的這本新書，完整且清楚地闡明了這些理論，是一本值得深讀的好書。

中原大學建築系教授
曾光宗

建築計畫的周全與是否綿密，攸關空間劇本創作的整體品質。本書清楚地闡述 Pre-Design 階段，計畫者的專業定位、任務與被期許的空間成果。

國立成功大學建築學系助理教授
楊詩弘

小野田泰明是目前日本最具代表性的建築計畫專家之一，仙台媒體中心即是他著名的工作案例。本書是他近30年來建築計畫經驗的總結，以不落俗套的論述，生動地描寫出設計前的籌劃和心態準備，對於設計成果將有決定性影響。所有對於設計有興趣的人，都該仔細閱讀這本書。

實踐大學建築系副教授
王俊雄

推薦序——建築計畫家小野田泰明與其不設限之胸懷

我想我應該是在2011年5月、在廈門參加研討會的時候第一次見到小野田先生。那是一個和許多日本學者討論民居的研討會，坐在我旁邊的便是他。當時我對於建築計畫已經在日本重要建築中扮演的同步創新角色並不熟悉，但是當小野田先生毫不本位主義的思路被大大地投射在螢幕上時，我竟然有一種熟悉的感覺。

當時日本東北大地震剛發生沒多久，小野田泰明、伊東豊雄、遠藤新等幾位「重建指揮者」，不只苦惱於該如何保持在時間壓力下，不慌張打折的重建被大自然壓倒性的力量所改變的環境。還要能有效的去協調自然和土木工程，建立居民和專家的互信，把修補發展成能回應地方眞正需求的事業。

這些地方經營需要開放的想像以面對各種有意無意的扭曲，跨國的案例交換中，田中央多年的工作心得似乎頗得到小野田先生的注意，在後來幾天於傳統村落的現場勘查中，小野田先生常常來找我聊天，我發現他對構造和行政關係細膩的觀察穿透力是不被國界局限的。他是眞正對設計局限有高度實務經驗的思考者，是想從眞實中找到突破的未來建築師。

受限於他必須要馬上返回日本，所以我們只好簡單地說了「期望未來在某處相會」，就各自告別回家各自奮鬥。

不久之後，有一天王俊雄教授告訴我在日本仙台舉行多年的「卒業設計日本一決定戰」想要在亞洲找尋互動的夥伴，問我羅東文化工場來不來得及蓋到可用的程度？我隱約知道日本這個跨領域跨世代，甚至娛樂界都參與的活動，成功證明仙台媒體中心可以讓大衆因爲空間的解放，激盪出更多生活新可能，讓整個城市被鼓舞！而起心動念協助伊東建築師一起凝鍊出綿密軟硬體同步計劃者原來就是上次遇到的小野田泰明，以及老朋友阿部仁史。

不久小野田帶著日本學生前來羅東大棚架下參加台灣的首屆畢業設計國際

大評圖（目前已連續舉辦六年，邁進第七屆），在一年又一年每次評圖的當下，我見識到他對青年學生持續嚴厲的高標準要求。而停留宜蘭的空檔，更不吝熱情的進出我們事務所，面對新模型挑戰一個又一個當下進行中方案的可能營運未來。

多年來，常常有人同情田中央爲了讓直覺宜蘭該有的空間形式有機會浮現，必須不斷地一路研究組合甚至創造各種不同的支持條件很辛苦，其實那常是最愉快的成長陪伴過程，面對在不同文化下都逃避不了的眞實，小野田先生反倒成了久違的知音。

有時候我們也會一起走訪田中央二十年來大大小小的環境改造，對於宜蘭的山水，小野田先生有非常多溫柔的提醒。後來還組織了跨國跨校工作營，引介日本水利專家檢討宜蘭的水能不能發展成永續能源……。

我看見一個理性沒有成見，踏實研究，善良、忘掉自己，冷靜作爲別人心靈明鏡的世界人，令人信任。

事實上，２０１３年的夏天，Gallery MA的執行長遠藤信行先生來訪宜蘭時，手上拿的兩頁A4的紙，好像就是小野田先生描寫宜蘭的文章。

小野田先生的影響就這樣散布於世界的各個角落，爲數衆多且因爲和評論家、使用者、設計者、營運者結合爲一體，要個別抽出來討論是很困難的。這些努力都活用了每個地方原本就擁有的力量，難以判斷哪些部分爲環境的力量，而那些部分又屬於小野田先生思考哲學的產物。話說回來，也許像這樣子將建築計劃者的作風隱藏起來的方式才是他所期望的。

這幾年小野田先生常來台灣，透過政府、學術與企業專案的參與，對台灣一定有更深更寬廣的期待。感謝本書流暢的中文翻譯，從設計熱愛者的角度，精準攤開空間形成的本質，再以第一手創造性的生涯爲例，鼓舞青年開放探索自己對世界可能的貢獻方式，提醒就算累積了好工具也要小心不被工具利用，人與人的連結才是眞正的目標。

雖然對小野田泰明先生有一定程度的認識，但也仍然有許多充滿迷團的地方。他的多方參與及經由各種不同尺度的嘗試所堆積起來的信念，影響之遼闊著實令人無法想像。不，應該說對世界對改善環境不設限的愛，可能才是他眞正想傳達的。

在郊區、在都會、在不同國家同樣努力尋找共存。不輕易妥協，無疑是給了有些做研究只是爲了找藉口的俗套計劃一記當頭棒喝。風塵僕僕的小野田先生，在「建築計劃是不是可以通過善意的感染，協助讓公共空間持續成爲人類思想自由的心理基礎」這項提問上，邁出了一大步。

了解眞實，追求自由，
所有的相遇，都是久別重逢。

建築師
黃聲遠

給台灣讀者的話

對即將升大四21歲的我來說，建築，是一個無從掌握的恐怖。正煩惱著未來時，我突然出現起一個念頭，如果去紐約，會不會有些什麼可能性？於是我找尋了各種方法，以實習身分潛入紐約的設計事務所。早起上班，下班後就在紐約圖書館裡拼命地讀書。但大多時候不如人意，體會到要在不同文化裡生存何其困難。不過卻也因爲建築工作本身的豐富性開拓了我的視野，恐懼感也在不知不覺中消失了。

之後，我回到畢業的大學任教，正如書裡所提到的，參與了幾項建築案。其中，仙台媒體中心（SMT）是一項艱鉅的案子，不只單純地蓋出建築物，還需要顯示出它的使用方法。爲此，我與建築師阿部仁史先生一起構想了一個將建築系學生的畢業設計齊聚一堂並進行討論的活動，即爲「卒業設計日本一決定戰——Sendai Design League」（2003年～）。這活動的新穎性使其不只在日本國內，海外也吸引了大量關注。2012年，台灣宜蘭舉辦了大評圖，集聚了中華系海洋亞洲地區的畢業設計，王俊雄老師是這個活動的策劃人。王老師與我同一世代，和他相遇之時令我非常驚訝，我們不僅工作類似，也幾乎同時期在美國東岸修習建築，並且都因這個相似的經歷，成為立定要以建築人而生的契機。

在建築裡迷惘，又在紐約周邊嘗盡辛酸，重頭再學建築；兩人都在亞洲季風地區出生，如今終於透過建築教育相遇了。仍記得我們初次深入談話時湧現的那不可思議感覺，彷彿遇見了25年前在同一地方擦肩而過的另一個自己。

因為這樣的緣分，當王俊雄老師提出希望在台灣出版《Pre-design 的思想——實踐建築計畫的11個條件》一書的想法時，我沒有第二句話立即贊成。覺得這本書經由王老師的手，以中文得到另一個生命是非常有趣的一件事。本書的日文版由伊東豊雄先生幫忙寫了推薦文，也獲得日本建築學會著作賞，在日本國內得到了正面評價。或許因為本書的內容是關於少見的「建築計畫者」，而使翻譯具有難度。但儘管面臨如此難題，在兼具設計及思考才華，且富好奇心的兩位台灣女性─蔣美喬和林與欣的貢獻之下，克服了這個挑戰。決定建築品質的並不只是建築師或施工者，還有使用者、營運者及業主。建築計畫者有機會參與其中，成爲這些人之間的節點，而建築和空間相關的研究是建築計畫者最有力的武器。本書若能讓大家對這個不太爲人所知的建築計畫的世界有所了解，透過建築而豐富社會，將是非常榮幸之佳事。

2017年8月6日

小野田泰明

目錄

10 推薦序
16 給台灣讀者的話
22 前言
31 第一章 空間是以人的行動來開展
45 第二章 人的行動和空間狀況是互相滲透的
61 第三章 機能是讓空間縮減到可操作狀態的發明
71 第四章 圖解與面積表是讓機能得以固著在建築上，對建築計畫是有效的工具
85 第五章 圖解很方便，但只是個工具，不能被工具利用

101 第六章 空間無法自由操作人的行動
117 第七章 良好的空間可以將人與人連結，作為社群的基礎
135 第八章 良好的空間背後存在著良好的運作及管理
159 第九章 良好的空間是藉由良好的計畫過程才得以成就
167 第十章 良好的計畫過程是以社會上垂直及水平的信任關係作為支撐
181 第十一章 良好的計畫過程需具備穩固的專業能力，及其在社會機制中的定位
193 後記
201 參考文獻

前言

「建築計畫者」——這個鮮少耳聞的職業是我的工作，內容是在建築設計的前提條件進行設計。我的角色是整理設計的前置作業：和業主詳細地協調溝通製作設施的面積表與機能圖解（diagram）（圖 0-1），有時會從設計者的選定開始到空間設計及營運條件的設定一路負責到底。然而，因為大家都相當不熟悉這樣的工作，所以即使經過多次說明也不太能了解。不過我發現，若拿與建築設計有許多共同點的電影製作作為類比，就容易理解這個工作性質吧，也就是建築師＝電影導演、建築計畫者＝編劇。

電影導演需要統合攝影、音響、照明、服裝等各方面專家，是一份將整體航向一個目標的職業。這和建築師管理其他專業領域而做出一項建築的過程相當接近。另一方面，電影編劇的任務是在混沌的社會之中覺察，並抽取出值得作為作品的題材，轉換成情節，以時間軸進行整理再焠煉成故事（劇本）。換言之，以上這些是確保成果品質基本條件的行為。編劇的工作為⑴作為媒介者，聯繫社會與作品，並從中產出情節，⑵整理設計的各項前提條件，(3) 在設計裡植入時間元素。由此可見其和建築計畫者的共同面向。

這兩者都具有連結作品與社會之間的 pre-designer 的特質，但也存在幾點相異之處，例如編劇是把登場人物置入在故事中的時間裡；建築計畫者是將使用者（登場人物）設定在可自在活動的空間中。前者是以想像空間來確定時間，後者是用想像時間來確定空間。

因此建築計畫者的主要課題是建構人與空間的關係。但這裡顯現了另一個問題，空間不像建築物般輪廓清晰，無法直接進行操作，而且空間不具有形狀，也不能以感覺判斷優劣，是很困難又麻煩的存在。

若很難以直覺判斷，我們該如何追求 pre-design 的根據呢？也許是土法煉鋼地直接調查空間的實際使用狀況，再作回饋，這是現今準確度最高的方法。也就是說，因爲建築計畫者的專業職能並未完整建立，於是產生了建築計畫者傾向於必須兼任建築實務計畫者及研究者，也就不得不在教育研究機關領取薪俸，除了這令人感到無奈的理由之外，事實上在判斷 pre-design 時，對空間實際的使用方式與對它的理論有所了解是有必要的，而這兩者確實具有密切的關係。

然而近十幾年來，這樣的情況也有了變化。社會要求的多樣化與高度化，和風險概念的普及化，即便是以學者身分，也開始被要求在實務上具備足夠的熟練度。而且在研究領域上，除了被要求專業度更提高、更加成熟之後，也需提升專注度，以致降低了兩者共存的機會，似乎亦使得以託付責任的優秀人才減少。透過本書，即是希望對建築計畫實踐的意義進行試問與探討。

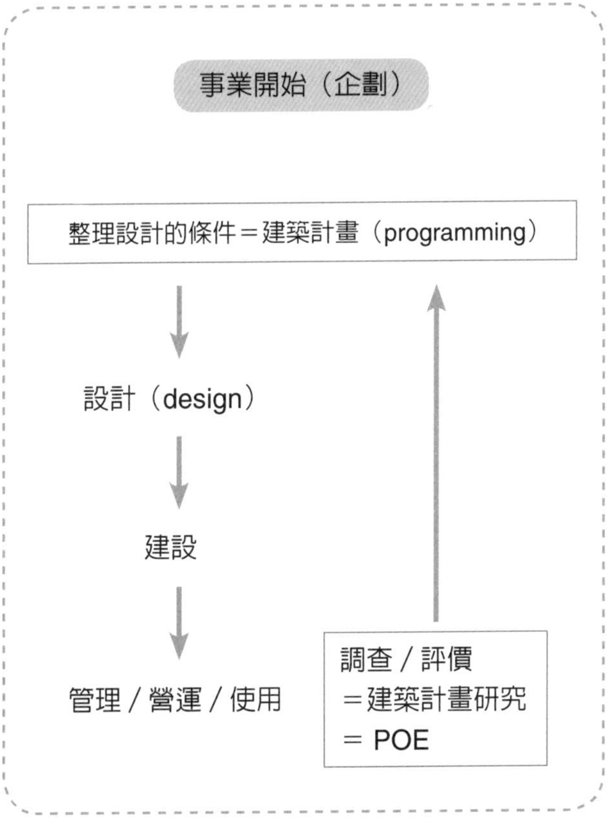

圖 0-1 建築計畫者的定位

（圖 0－2）是整理筆者至今參與的案子，歸納出三種不同職務的組合方式。

①—建築師雇用計畫者擔任顧問，檢視平面構成及使用方式。

②—業主直接雇用計畫者，以規劃事業與計畫架構。

③—計畫者和建築師共同擔任設計者，一起進行實際的建築設計。

談到建築計畫者，腦海中最可能浮現出①的顧問角色，如同電影編劇兼導演的身分來修改劇本，這並非爲 pre-designer 的眞正意涵。本來最理想的職務方式是②，但是社會上並未對此有充分認知，所以這樣的要求非常少。③是許多著手 pre-design 的方式，這也需要計畫者和建築師接受，一起直接面對建築形式的責任。接下來，在本書中將會提及，實際上，建築包括了空間全體及其相關的各種事項，如材料、面積、營運等，在這樣事事都須考量的複雜情況下是很難有餘力關注建築計畫，因此建築計畫確實是非常艱辛的一條路。

①顧問（consultant）

建築師雇用計畫者擔任顧問，檢視平面構成及使用方式。

- 1993-1997 名取市文化會館
  設計：槇文彥＋槇總合計畫事務所
  計畫顧問：小野田泰明
- 2002-2007 橫須賀美術館
  設計：山本理顯＋山本理顯設計工場
  計畫顧問：小野田泰明

②計畫者（planner）

業主直接雇用計畫者，以規劃事業與計畫架構。

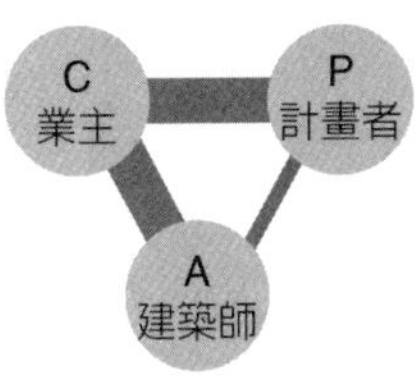

- 1994-2001 仙台媒體中心
  設計：伊東豐雄＋伊東豐雄建築設計事務所
  協調（coordinate）：東北大學建築計畫研究室（小野田泰明、菅野實、福士讓）
- 2006-2009 流山市立小山小學校
  設計：佐藤總合設計
  協調（coordinate）：小野田泰明
- 2008-2011 東北大學工學研究科中心廣場
  設計：山本・堀 Architects
  協調（coordinate）：小野田泰明、本江正茂、佐藤芳治

- 1993-1996 丘之家——仙台基督教育兒養護設施
  設計：針生承一＋針生承一建築研究所＋東北大學建築計畫研究室
  計畫：東北大學建築計畫研究室（菅野實、小野田泰明、瀨戶信太郎）
- 2000-2002 仙台演劇工房 10box
  設計：八重樫直人＋ Normnull office ＋東北大學建築計畫研究室
  計畫：東北大學建築計畫研究室（小野田泰明、坂口大洋、菅野實）
- 2001-2004 S 市營 A 住宅
  設計：阿部仁史＋小野田泰明＋阿部仁史工作室
  計畫：東北大學建築計畫研究室（小野田泰明、菅野實、堀口徹、有本優史郎）
- 2006-2008 東北大學百周年紀念會館——萩會館
  設計：阿部仁史＋小野田泰明＋阿部仁史工作室
  計畫：小野田泰明
  劇場顧問：坂口大洋

③共同設計者

計畫者和建築師共同擔任設計者，一起進行實際的建築設計。

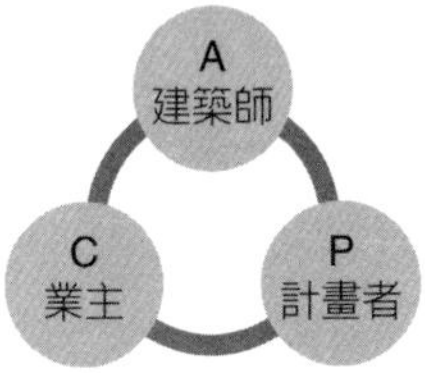

- 2000-2002 苓北町民會館（熊本 Artpolis：63）
  設計：阿部仁史＋小野田泰明＋阿部仁史工作室
- 2001-2002 S 公司總部大樓計畫
  設計：阿部仁史、本江正茂、小野田泰明、千葉學、曾我部昌史
- 2003-2008 伊那市立伊那東小學校
  設計：橘子組＋小野田泰明

圖 0-2 建築計畫者的 3 種職務

如此說明仍很難直覺理解建築計畫者這個職業。於是在實踐建築計畫時，先從我認爲重要的事情開始列舉，詳慮後記述11個項目如下：

1—空間是以人的行動來開展
2—人的行動和空間狀況是互相滲透的
3—機能是讓空間縮減到可被操作狀態的發明
4—圖解與面積表讓機能得以固著在建築上，對建築計畫是有效的工具
5—圖解很方便，但只是個工具，不能被工具利用
6—空間無法自由操作人的行動
7—良好的空間可以將人與人連結，作爲社群的基礎
8—良好的空間背後存在著良好的運作及管理
9—良好的空間是藉由良好的計畫過程才得以成就

10—良好的計畫過程是以社會上垂直及水平的信任關係作爲支撐

11—良好的計畫過程需具備穩固的專業能力，及其在社會機制中的定位

1、2是空間的概念，3、4、5是空間概念的操作，6、7是空間的功效及極限，8是營運，9、10是過程，11是專業能力。

接下來將依據這些章節來概觀建築計畫者的工作。

第一章

空間是以人的行動來開展

空間——

關於空間，從久遠前的亞里斯多德（Aristotle，384-322 B. C.）年代開始，神志昏迷般地在哲學、物理學、數學、社會學、建築、都市學等各種領域不斷討論著。若全部網羅這些面向需耗費龐大勞力，也需要有統括這些專業的才能，對筆者來說無法著手切入。因此，這裡將先從建築計畫相關的部分開始探討。

說到底，沒有空間，人是無法生存的。無論是我們生活上糧食的取得，或是連結與他者的關係，都需透由空間這個媒介。提到空間這個詞彙而浮現於腦海的，它的任務是作爲人或是物件的容器。但實際上，空間不單單只是容器。

例如圖1-1是家的內部空間，是以房子的牆壁框起來，人在的地方與容器的空間是一致的。但在圖1-2，草地上長了一棵樹，當人被樹蔭引導聚集在樹下時，空間確實存在，卻不一定有容器的限制。因此，空間實際上是存在於與它關聯的主體之中。它具有共通性，但是會依能掌握的內容而有所不同。像這樣，空間若以具體的廣度來界定，即包含了可被測量的一面，此外，也有順著各主體而活絡起來的另一面。這兩者就是十七世紀初活躍的偉大哲學家勒內・笛卡兒（René Descartes）的

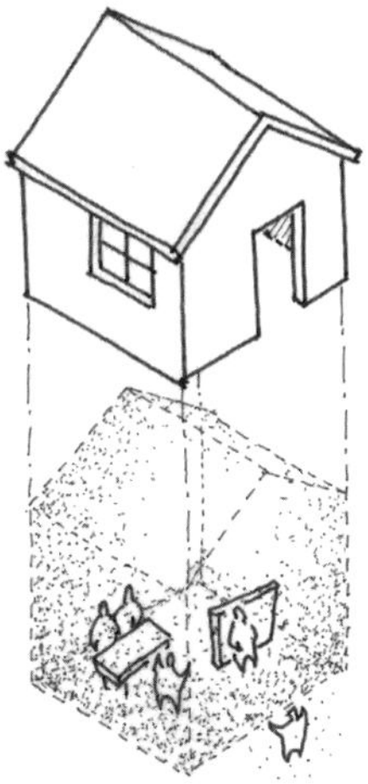

圖 1-1　空間 A：家裡面

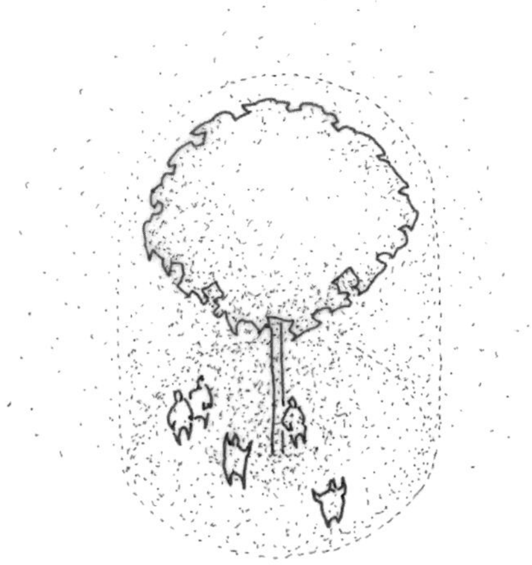

圖 1-2　空間 B：樹的周圍

想法。笛卡兒座標系區分出物理空間與生活空間，這理念是近代思想誕生的原動力。之後鮑勒諾夫（Otto Friedrich Bollnow）在《空間與人（*Mensch und Raum*）》裡詳細論述「對比」的大部分內容也定位於此。

笛卡兒的區分的確是明確的，但現在來看，他的整理方式頗為粗糙，也包含了一些問題。所以後代的牛頓（Newton）等人把預測可能的空間歸類在絕對空間裡。另一方面，和牛頓激烈往復書簡的知名德國大物理學家及哲學家萊布尼茲（Gottfried Wilhelm Leibniz），他將外形上能確定的方向補充至完整，以更複雜的方式深化空間議題。空間不能預先被定義成任何東西，是事（件）與事（情）之間的關係而產生的立場。就好比在什麼都沒有的宇宙中，要以星星或者物質的存在，才能開始闡明它的廣度。他的看法不是以邊界來界定空間，而是藉由物質之間的相互關係來界定。這會連接到量子力學等很深的學問，在此不深入追論。但無論如何清楚的是，空間不只是靜態的容器，顯然空間與人的生活以及物件之間的配置有很深的關聯性，空間存在著這樣的動態概念。

由此看來，行為會賦予空間定義，意即我們可以讀出「行為→空間」的成立關係，以及這個「行為→空間」的關係是具有可逆性的。例如：「workshop」、「forum」

現在都是意指活動的詞彙，但其實「workshop」的原意是中世紀的工坊，「forum」的原意是希臘的廣場。原本都是空間的名稱，後來被使用來表示在那場所中進行的活動名稱。也就是說，經過長年累月，空間名稱演變成行爲（活動）的名稱。這些例子表示「行爲↔空間」的關係有時候是成立的。

場所與空間

關於空間，除了剛提到的鮑勒諾夫之外，諾伯舒茲（Christian Norberg-Schulz）、瑞爾夫（Edward Relph）等人也以各種方式解釋空間。分類得最仔細的是瑞爾夫的《地方感與無地方性（*Place and Placelessness*）》，他將空間分成六類：實用的空間、知覺空間、實存空間、建築/計畫的空間、認知的空間，和抽象的空間。

1—實用的空間：日常生活中無意識發生活動的空間。

2—知覺空間：每個人有知覺的狀態下，以個人爲中心，映入視覺的感知空間。

3｜實存空間：文化群組的組織成員，對世界具體的經驗過程中，空間的內部結構明朗化，透過這個文化去經驗理解的空間。

4｜建築／計畫的空間：爲了產出新空間，將其當作一個研究的操作對象。

5｜認知的空間：做爲考察對象的一種空間形態，幾何學和地圖中所指的空間，不同族群的人透過地圖去認識其差異性。

6｜抽象的空間：理論關係性的空間，使用符號論思考，是一種尺寸、數字上的空間。

這樣整理明確而方便，但沒有說明它們的相互關係是如何生成的，還是有點難理解。另一方面，這些書中花了許多篇幅解釋空間與場所的關係，因爲在思考空間時，「場所」是一個必須提到的議題。在此登場的重要理論家是以存在主義廣爲人知的知名哲學家馬丁．海德格（Martin Heidegger）。在海德格的哲學中，人的生存本質是邁向自己希望的存在（可能態／dunamis），再投入自己（企投／Entwurf）。這時候對於一個領域而言，會賦予空間與場所重要的意涵，所以他的言論對建築理論也有很深的連結性，至今數度作爲理論家和建築師的參考。日本有數位論者的相關建築理論受到海德格影響，如增田友也等，國際上亦有諾伯舒茲等知名人士。當然，在此深談有些困難，建議可以各自學習，我將稍稍觸及其中一些重要想法。據說諾伯舒茲是從海德格的「空間是從場所得到它的存在，而非空間本身」的前提上，去定位「人對於場所的本質性關係，而人透過那本質與空間的關係即是居住」，場所與空間之間的區別爲：「場所」是以人的情感爲起點，從這裡而創造的人的生存可能性即是「空間」。前面提到的瑞爾夫受到海德格影響，也有同樣看法。「場所」是人經歷過後而抱著情感的實存物；「空間」是抽象性的，具有人可以擁抱著憧憬可能態的性質。然而，著有《經驗透視中的空間與地方（*Space and Place: The Perspective of Experience*）》等廣爲人知的人文主義地理學者段義孚，他對「空間」的另種定義是透過人賦予意涵後成爲「場所」，不是「場所→空間」，是「空間→場所」。雖然這些論述的順序不同，但是「空間」是作爲可能態的角色，填寫人的三生（生活、生存、生命），而支撐著這些作爲實體的「場所」，其實它們的箭頭方向性是有互通性的。

空間的產生

空間是人得以生存/生活的保證，人依空間而能生存時，空間也依人的存在成立，是一種雙向關係。前一節整理的內容中，可以了解到它具有的正確性。存在主義哲學面對的難題同時也在此獲得對應。對個人而言，即便空間是可能態的企投目標，但在主體爲多數且混雜的眞實社會上，空間並不容許被獨占。尙·保羅·沙特（Jean-Paul Charles Aymard Sartre）使用「目光」的比喻來說明他者性的問題，意即在現代社會中，我們活在一個不得不調整自身與他者，或與上位階級之間關係的體制裡，那麼空間具有怎樣開展的可能性呢?法國的思想家亨利·勒費弗爾（Henri Lefebvre）寫《空間的生產（*la production de l'espace*）》思索著此事。勒費弗爾說，我們生存的空間不是一個「素」（純粹、原本）的空間，是一個摻入各種社會關係，有如複雜紡織物般被構築而成，並被市場與系統因素不斷地抽象化、再構築化的空間，我們必須理解它的物力論（dynamism），因此他提出「空間的表象」、「表象的空間」、「空間的實踐」三個概念下的動態架構。「空間的表象」是活用空間及各種資金的力量，依計畫方的理論而建構出來的；「表象的空間」是人在無大事的日常生活裡，依著自己本能生存而刻印在空間中的結果。這兩者之間所產生的活動以及調停兩者的活動，在這樣的認知上成立的就是「空間的實踐」。離開前兩者的緊張關係，並在日常生活中累積「空間的實踐」，才能在空間中構築新的社會關係並且去覺知它，也就是說，社會各種關係的空間化就是「空間的生產」。根據龐大的事項細緻累積出來的這些論述，是我們理解空間之社會意義的重要思想，例如熟悉社會與空間辯證法的愛德華．索亞（Edward Soja），或是分析時間壓迫空間的大衛．哈維（David Harvey）等人，都給予了現代重要理論家之理論基礎。

與建築的關聯性

接著讓我們回到建築設計領域。無論是密斯．凡德羅的「通用空間（universal space）」，或是柯比意的「多米諾系統（domino system）」，從現代主義早期的諸多跡象可以發現其志向並非在追求「形」，而是「空間」。對於近代建築可能性的探索，可以往前追溯到以「裝飾即是罪惡」爲名言的阿道夫路斯（Adolf Loos），他探究的「raumplan」是精細構成空間的方法論。但這樣的現代建築崛起後，卻被羅伯特．文丘里（Robert Venturi）看穿這之中的矛盾，賣小鴨的紀念品店就長成小鴨的形狀，即是現代主義爲了表現理念，卻讓設計陷入自相矛盾的狀況。因此現代主義無法貫徹空間創造的意圖，其原因是前面討論到的，空間應以人的行爲而逐步產生。對建築師來說，會提到它卻又無法追隨它到最後，是因爲這之中包含了困難又麻煩的工作。

當然，建築師對於這樣以人的活動所編織出來的空間特徵絕不是不在意的，例如柯比意將稱之爲高貴野蠻人（noble savage）的理想身體執拗地畫進自己創造的挑空空間裡，柯比意知道透過擁有高知性與強壯身體的主體性運動會爲空間賦予意義。原本是中性（neutral）的空間，藉由拳擊選手的主體性具體地開展。這個傾向持續演進到現代建築。伯納德・楚米（Bernard Tschumi）提出有名的公式「Architecture=Event × Space」，此重要的宣言表示建築的意義已從形態轉換到空間及空間中發生的行爲。現代的伊東豊雄、SANAA、庫哈斯等建築師在創造實際空間時都有這樣的共同特質。

但另一方面，可以發現在現代建築之中對於開展空間的人物設定也有微妙的改變。近代建築中，現代建築師的創作志向並非以雕琢形態來產生明快空間，而是爲了讓人享受空間中的活動給予空間意涵，就像「包容微小的差異，而產生整體的一連續

圖 1-1 柯比意的素描：高貴的野人

空間」。如此一來，人就不需要擁有柯比意描繪的抽象性，或是在虛空間中強烈突出的個性，反而設定以在群體中可自在活動的柔軟身體所取代。

特別值得一提的是，近期即有許多目標將社會關係空間化的方式作爲對前述之勒費弗爾探討的回應。例如AMO將市場及政治的力量作爲設計的前提，或是MVRDV以datascape當作一個建築手法來實踐建築空間。

如此看來，在建築界越來越強的趨向，不是將空間視爲物理構造物，而是捕捉包含事件發生的動態狀態，除了伊東豊雄或妹島和世的作品外，日本建築師之間也普遍有力地共有這個思想。

例如著作《設計活動吧！》一書的小嶋一浩，或在作品集裡以「Behaviology（ふるまい学）[1]」爲題的 Atelier Bow-Wow，許多建築師對於空間的解釋都明確具有這樣的方向性。

至此，我們討論了關於空間的概要，從這裡可以模糊看出三個不同層次的交纏概念。

(1)—笛卡兒提出的問題是，人與文化創出的空間和科學上測量後的空間，是可進行交換狀態的對立關係，之中還包括存在主義提出的問題，也深層關聯到勒費弗爾提示的空間生產的領域。

(2)—萊布尼茲所陳述的關係和牛頓不同，他認爲空間無限並沒有框架，而宇宙的廣度與空間需要以其中物質的座標相對關係來探求，因而與數學有較高相關性，原廣司等人的建築理論也採取相同立場，是空間原論的領域。

(3)—透過人的意識所產生的世界，以及在實際社會上的關係中存在著的廣闊領域。建築設計的任務與空間的想像／創造活動是無法切離的。

這三個層次和理論家正木俊之整理的空間論相似。他將關於空間的議論分成：①生存的空間與測量空間；②物質的布置與空間；③空間意識與實際空間。從這三個面向來思考，前述的⑴～⑶與正木的①～③重疊，但在論述空間時，若只著重將空間特性進行分類會無法將事情看清楚，我們必須存有對於不同維度空間的多層次性思考。

如此可以了解到，做建築不只是一個根據自身意念的「形」的構成或只是整理「物」的配置⑶，還關聯到空間的廣闊與其編織出的人的活動⑴，以及探討空間的原理⑵。那麼空間與人的活動有哪些直接的關係呢？對空間的興趣會移往更深的下一個階段。

1—譯註：ふるまい＝行爲、動作、舉止、頃刻、設宴招待。

第二章

人的行動和空間狀況是互相滲透的

關於人與空間的研究

若空間確實是由人的活動編織而出，那麼實際上，人究竟是如何活動？創造空間的呢？不只是建築師，許多科學家也都曾挑戰這個問題，這是思考空間時無法避免的議題，也是衆人出師未捷身先死的困難領域。面對這個困難課題，倚賴前人的智慧仍是最快的方法。首先，我們來看以空間認知爲中心領域的諸項優秀研究。

此領域中，具代表性的研究成果之一爲愛德華．哈爾（Edward T. Hall）的《隱藏的維度》。他透過觀察動物的勢力範圍、地盤行動及動物群集的接近狀態，發展出動物行動學的空間關係學（又稱知見接近學）（Proxemics）。此學說研究人與人在何種距離下會採取何種行爲，並將其進行易於明瞭的類型化分析。不可否認，此研究稍微有點急躁之感，但其研究基礎來自細膩的觀察，整理得非常明快，可以從中了解很多內容。

在這個年代，世界上開始廣泛接受文化人類學與構造主義哲學，對於人的行爲及行爲的文化背景有許多良好的探索。社會學理論家厄文．高夫曼（Erving Goffman）的《公共場所的行爲》整合了人類的群集問題；羅傑．巴克（Roger Barker）揭示了人的行動在常規化下概括的行動設定論；菲利普・提爾（Philip Thiel）等人則深化了人的移動與視覺的記述方法等，發展了各種研究。阿摩絲・拉普卜特（Amos Rapoport）在這一連串概觀上發揮的作用極爲重要，他詳究過去關於人的行動與環境的研究成果，創構了環境行動學（Environment -Behaviors Studies, EBS）的領域。他的研究橫跨認知學、社會學、都市建築學等，對各領域造成影響。另外，克萊爾・馬庫斯（Clare Cooper Marcus）細心地解說公共空間與人的行動以及它們的實際關係，其一系列實踐性工作的研究成果在此時代中也具有價值。

因此開始產生了以行爲、空間、文化三者間關係爲核心的衆多研究。認知科學等獨立領域也在此時往前邁進，詹姆斯・吉布森（James J. Gibson）提倡的環境賦使論（affordance）對這個領域造成極大衝擊。若以容易理解的方式摘要如下，傳統「感官從環境裡接收刺激，經大腦處理之後傳達至肌肉的一連串反應」之構想，應是不同於以刺激（Stimulate）、反應（Reaction）、行動（S - R行動）的方法來說明人與環境的關係。也就是說，通常我們看見的，人從視覺上獲得訊息，但並非來自外部各個「物（form）」的個體，實際上是因爲它藉由被光（ambient light）包圍才得以輸入；換言之，這個理論的出發點是，由於光反射或吸收在面（surface）

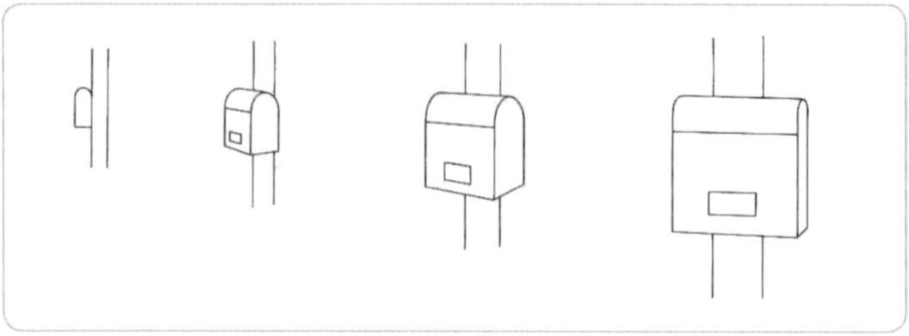

圖 2-1　折面（詹姆斯．吉布森）

上，並連續投影在視網膜上構成影像/映像，而光會照射在物的轉角邊緣，此時藉由人一邊移動一邊觀看，而得知這個物體，這即是我們初次可以理解到物的形狀（圖2-1）。這樣的認知會在人與光所包圍的面的關係中不斷地被調整，動態地相互影響著。這個見解蘊含非常豐富的啓發，在日本也因爲透過佐佐木正人的優秀著作介紹廣爲人知。

關於空間與人的關係，日本建築相關者之間也展開了獨特的研究。例如原廣司及藤井明調查世界各地聚落的珍貴經驗，使用「活動等高線」的方法來記述場所的特性；在此特別值得提到的是以渡邊仁史爲中心的團隊所創造的「群衆流動研究」。另外，也不能不提到大野隆造和舟橋國男等人的研究成果，連接了日本與海外。這些研究儲藏至今都是相當珍貴的財產，當然其他優秀的研究也持續累積著。

像這樣，空間認知是非常豐饒的領域，若從正面踏入可能會不小心迷失。因此在本書中請依據筆者在「仙台媒體中心」一案中執行的「人類氣象圖」來進行思考吧。

人類氣象圖的想法

日常生活中，我們可以在個別場所以身體感受到風的強烈、雨的降落，但對於掌握整體天氣的傾向是困難的，充其量只能試著猜測雲的動向。但我們可以藉由地圖的描繪而對地形擁有結構性的理解；同樣的，也可以畫出場所的氣壓與風向等氣象圖，如此更容易把握場所的潛在可能。「人類氣象圖」就像是氣象圖，人在一個場所裡的速度、停留等行爲的或然率，透過隨機性地對人的活動在建築空間裡的可能性進行整體詮釋。並非描述空間本身，而是捕捉人在空間中的活動來描述空間個性（圖2-2）。

具體來說，是利用攝影機錄下人的活動再抽取出向量數據，並讓這些流動的向量在平面上層疊堆積。人在空間裡行走的平均速度以不同顏色表示於平面圖，加上顯示累積停留人數的直方圖（histogram），再從圖形的組合來表現空間的潛在可能，這就是人類氣象圖的想法（圖2-3）。

實際測定場所爲三個設施，分別爲：①伊東豊雄設計，移除牆面的著名空間「仙台媒體中心」。②山本理顯設計的「公立函館未來大學」，和前者同樣是連續性空間。③以及爲了對照以上兩個方案，由房間與走廊空間組合的「常規型空間（T大學綜合研究棟）」（圖2-4）。

③「常規型的空間」之中，理所當然地，人們在走廊時移動迅速，靠近房間附近時減速至停留。空間種類與行爲明確地相互對應，整體來看，人們也是以快速動作而活動著（圖2-5）。與其對照的是，由建築師經手的連續空間（①、②），在整體上人的流動是緩慢的，且其停留和移動混合在一起。②「公立函館未來大學」將家具配置在整個空間的各處，家具的配置無庸置疑地會支配著在場的人們，受歡迎的人周遭常會發生人停留的狀況；若是相反的人，人們會直接經過，有點像是馬賽克一樣，空間性質被家具與在場者的行爲細碎地切換（圖2-6）。

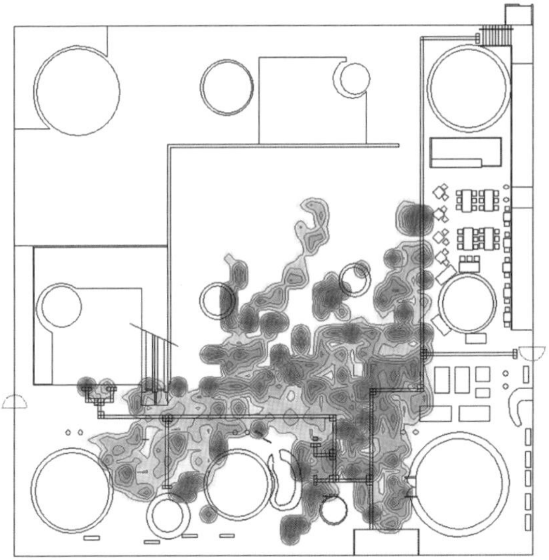

流動分布圖

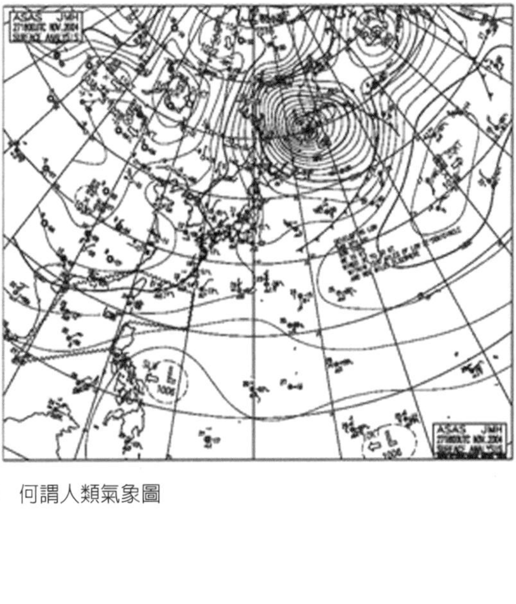

氣象圖

圖 2-2　何謂人類氣象圖

(7)計算平均速度的數值：在每一方格下使速度的數值平均化。

*Grid Convergence 轉換成場所數據，將需要分析的樓層分割成1000mm的方格，及方格包含的速度向量算出方格的場所數據。考慮到研究對象的樓層面積大小，適合應用在人類氣象圖的最大限度為2000mm。但是成人的步行速度是2000mm/s以下，若設定為2000mm，同一方格內會包含同一個人物太多動作。於是先嘗試1000mm及500mm，但使用500mm時，方格比人的步行速度相對更小。因此放棄500mm，最終採用1000mm的尺寸。

(8)加入周圍的數據，實施於8個鄰近區域。

(9)考量數據的可信度，速度數據正負10%不予記述。

(10)因為需詳細描述低速度（尤其是700mm/s以下），處理對數變換之後描繪動作分布圖(⑦)。

(11)加算停留人數，捨去細微的對流，製作成停留分布圖(⑧)。

(12)彙整⑦、⑧，製作人類氣象圖(⑨)。

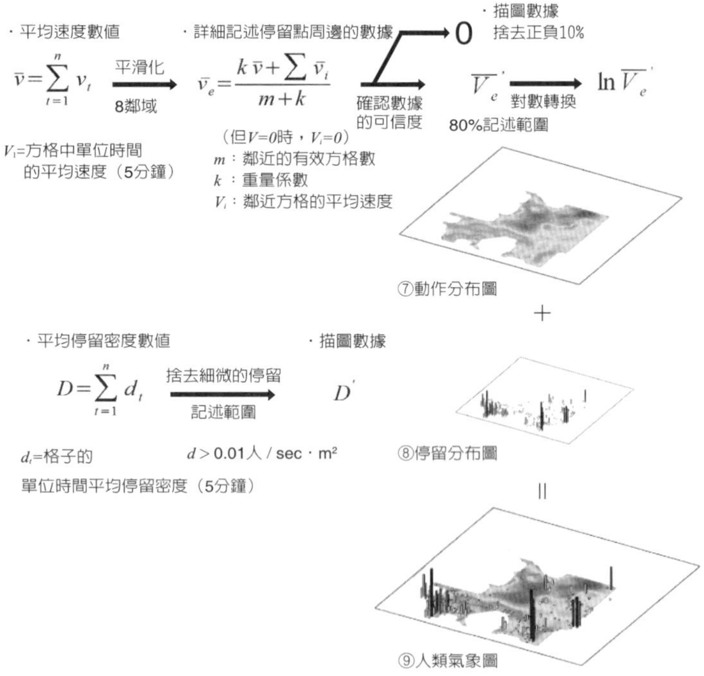

(1)將錄製的影片轉換成每秒一張靜止的連續畫面，並以電腦讀取。

(2)從時間點t的影像（①）之中，擷取出背景影像（沒有人的影像）（②），再抽出人物（③）。此時設定閾值，並從簡化的影像中去除雜物（noise）。

①時間點t的影像

②背景影像

③簡化後的影像

(3)在影像中，求出簇群（cluster）在x-y座標的位置（簡化後影像中的白色部分）。簇群位置是位於垂直方向的消失點和通過簇群中點的立足點(④)。

(4)以影像中兩個消失點（VP1,VP2），轉換成實際空間中的x-y座標(⑤)。並從相機的距離和簇群的大小關係之中，篩選出簡化後剩下的雜物及人物。

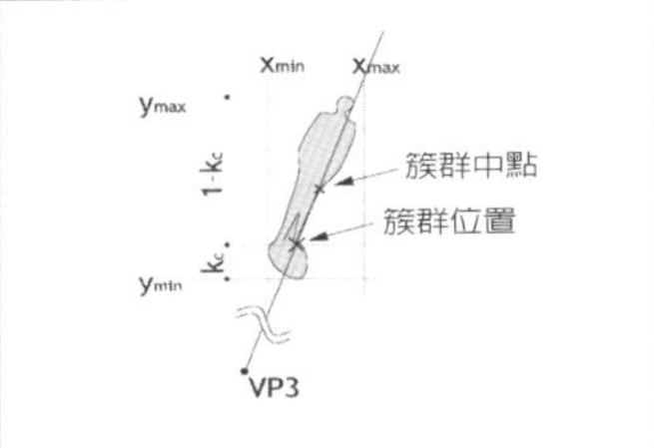

④求出簇群位置的方式

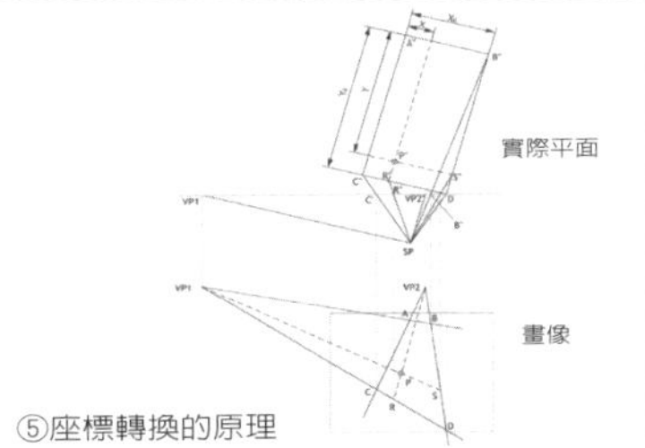

⑤座標轉換的原理

(5)連續的兩個靜止畫面之中，閾值來自位置資訊中的變化量及色彩的變化量，對同一對象進行確認，從他的動作得出變化量，得到每一秒間速度、方向、速度向量的數值。

(6)對各分析時段所有ccd攝影機的影片，以(1)—(5)的步驟進行處理，可以得到整體樓層之中，某時段的人的動作，透過速度向量的分布得到(⑥)。

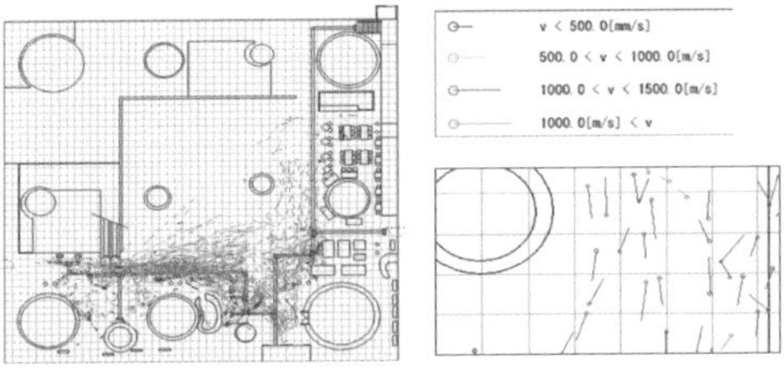

⑥速度向量的分布

圖 2-3　人類氣象圖的製作方法（製作：小野寺望、濱田勇樹、西田浩二、氏原茂將等）

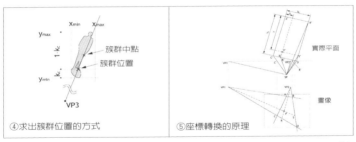

設施名稱	仙台媒體中心（SMT）	公立函館未來大學（FUN）	T 大學綜合研究大樓（TRC）
外觀			
主要用途	終生學習設施（圖書館等）	教育、研究設施（資訊系）	研究、實驗設施（工學系）
規模	約 21,682 ㎡ 地下 2 層、地上 7 層	約 26,800 ㎡ 地上 5 層	約 22,000 ㎡ 地下 1 層、地上 14 層
設計者	伊東豊雄建築設計事務所	山本理顯設計工場	T 大學設施部
概念	管狀柱（tube）和樓板（plat）構成曖昧界線的開放空間。不明確地規定空間的機能，試圖成為讓人自行發現場所及行為的空間。	使用預製混凝土架構，是視覺認知性高的開放空間。名為 studio 的樓層，沒有限制其機能，可對應革新型學習課程的創造性活動。	各樓層基本皆為中間走廊型。使用鋼管混凝土結構。在此進行各領域的研究活動，機能性地配置研究室及實驗室等空間。
調查進行期間	2001. 10. 2-10. 20（其中 9 日）	2003. 7. 16-7. 18	2005. 10. 25-10. 26
調查範圍 灰色部分為攝影範圍 (同比例)	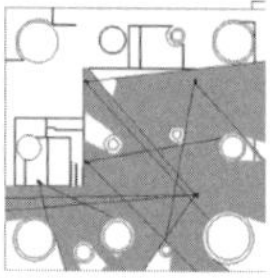	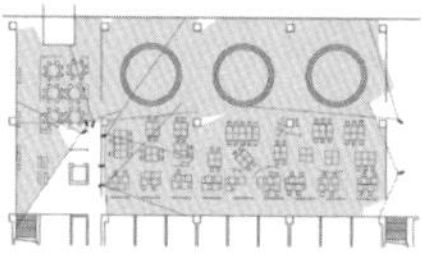	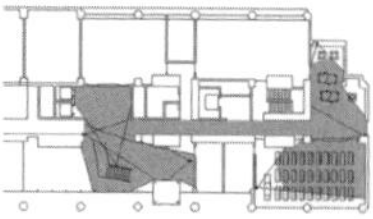
調查日及時間的狀況	2001.10.6 (六) 14:30-15:30（60 分鐘） 開放廣場是沒有舉辦活動的穩定狀態。因為是星期六，人較平日多。大多為從入口往電梯及電扶梯的穿越行為，也有利用咖啡廳及商店的狀況。	2003.7.16 (三) 14:50-16:05（75 分鐘） 此時為 Project 學習的時間，一樓的簡報空間正進行發表活動，有些人在工作室進行個人的工作，是各自聚合分散地展開活動。	2005.10.26 (三) 11:30-12:45（75 分鐘） 上課時段在教室進行，下課後可以觀察學生離開教室的狀況。午休時間欲前往餐廳或戶外，因此在大廳及入口附近多為穿越行為。

		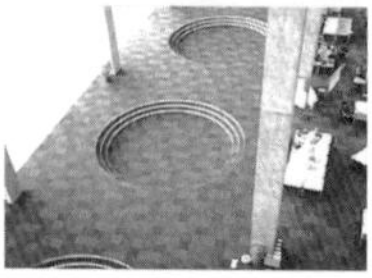	

圖 2-4　人類氣象圖的調查對象

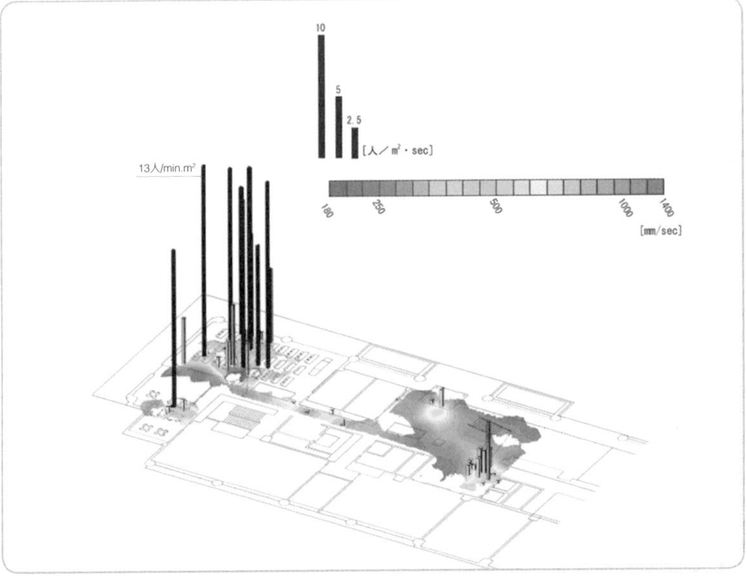

圖 2-5　常規型的空間（T 大學綜合研究大樓）的人類氣象圖（注 18a）

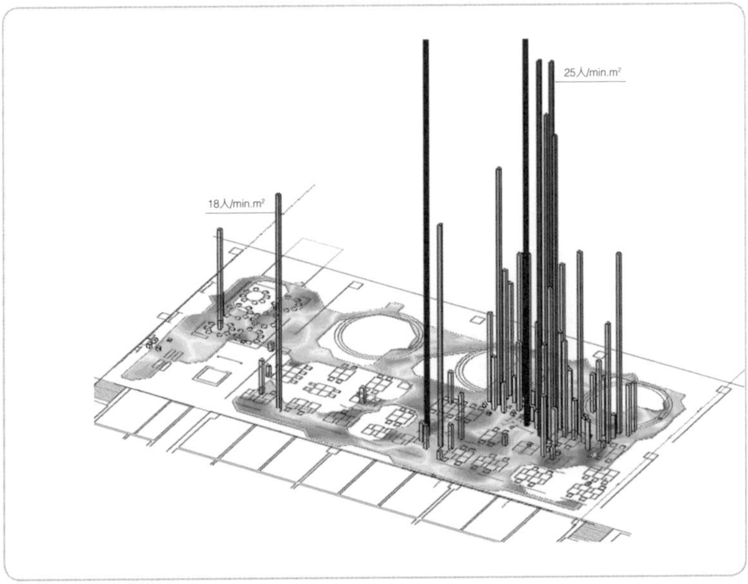

圖 2-6　公立函館未來大學的人類氣象圖（注 18a）

同樣是連續空間的①「仙台媒體中心」，家具配置受到局限而透過管狀柱（tube）和緩地分隔空間，細微地造成人的低速移動與停留的積累。平均的流動分布好似高爾夫球場的地表起伏且坡度微幅推移。此處的特徵和家具或人無關，而是有幾處的平均移動速度變得緩慢，如停頓點般散布在空間之中（圖2-7）。

何謂決定人的行為？——

③「常規型的空間」之中，因爲大部分使用者有上課或去某個空間做研究的明確目標，較易理解其行爲快慢清晰的狀態。但①「仙台媒體中心」裡也有終身學習設施，行爲大多也有一些明確目的，但爲何整體上會形成緩慢移動且局部產生慢速沉澱的狀態呢？說明確實的原因是很困難的。人的行爲不是從環境裡受到刺激再反應的單純動作，若在某場所裡出現特定行爲就立刻在空間中探求發生的原因，顯得過於急躁。另一方面，可以想見會出現穩定並在空間中沉澱的行爲，也會出現人與空間之間存在某種關係性的狀態。人的行爲有可能受到他對這個定點空間的看法，也有可能會受到這個空間在整體中定位的影響，但這是很難說得清楚的。

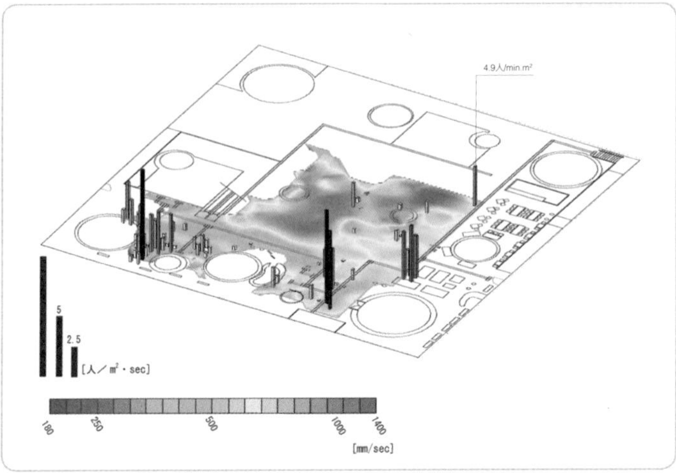

圖 2-7　仙台媒體中心的人類氣象圖（注 18a）

在「仙台媒體中心」的設計階段，並不一定積極採用了環境賦使論（affordance），但其空間移動經驗的順序首先是形狀消失，接著「面的出現」出現、再消失，這與吉布森想法的相近應該不是偶然的。各表面質感的對比經過慎重配置，面的豐富排列跳入觀察者眼簾，這畫面似乎誘發了人們的行爲。從「形」到「面的配置／空間」的轉換，是一個讓人可讀出建築設計的新方向。因此我們請受驗者帶著可在畫面上確認視線的計測裝置進入空間，藉以研究空間的印象是如何顯現在人的視線流動中。

我們的觀察地點是「仙台媒體中心」

圖 2-8　仙台媒體中心 1 樓廣場

	對管狀柱的注視		
	交叉注視		對內部機能的電梯及樓梯的注視
視線的流動	對管子細微又連續的產生交叉注視 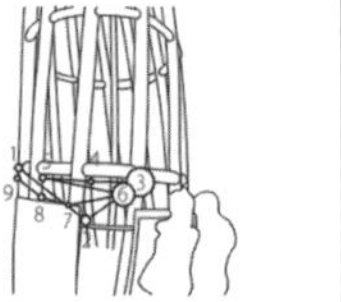	管狀柱被認為是一根柱子時的交叉注視 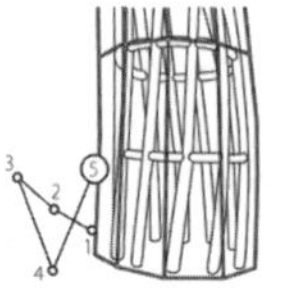	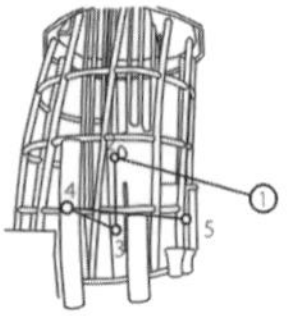
注視距離	約 4-10m	約 3-12m	約 8-10m
注視時間	約 1-6sec	約 1-6sec	約 0.2-1.2sec
符合的柱子編號	T1, 4, 5, 7, 8	T1, 2, 3, 4, 5, 7, 8, 9, 13	T2, 3, 5

其他的交叉注視			
對家具的交叉注視		對牆壁等的交叉注視	
對大廳櫃檯的交叉注視 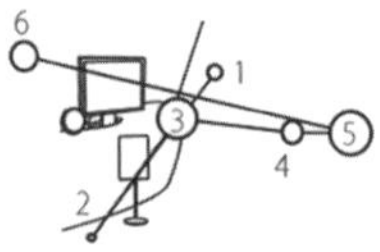	對空間設備的交叉注視 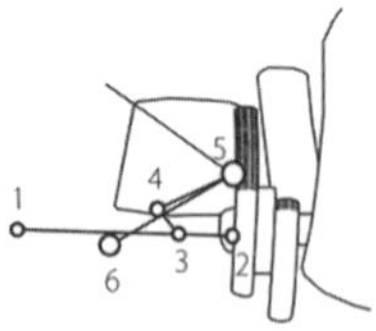	對咖啡吧檯屋頂面的交叉注視 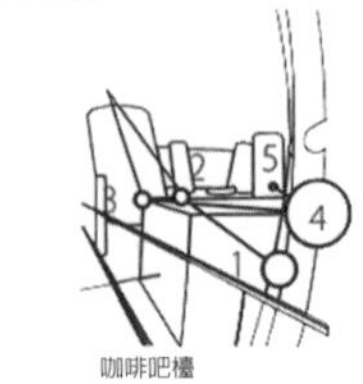	對牆壁的交叉注視 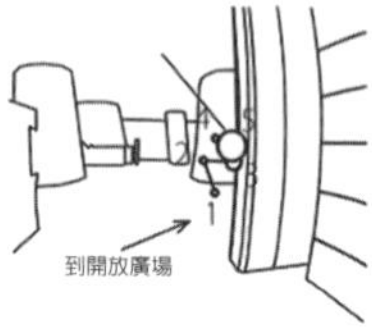
約 2-7m	約 2-6m	約 3-5m	約 1.5-3 m
約 0.2-0.6sec	約 0.1-0.8sec	約 0.1-0.2sec	約 0.1-0.6sec

圖 2-9　管狀柱（tube）的認知（注 18c）　　製作：佐藤知

之一樓被稱爲「廣場plaza」的空間。廣場的天花板很高，它不是使用柱子，而是以管狀的獨立構造物支撐（圖2-8）。實際利用視線計測裝置來追蹤人的視線流動時，可以發現在物的邊緣發生了稱之爲「交叉注視」的行爲，頻繁地出現在管子邊緣。且管內的透明狀態讓人可以從遠方看穿到另一側的空間；一旦靠近它，你可以發現管子是小柱子的集合體而讓人在意。再更靠近管子的時候，你又可以發現電梯的標示或其他幾個需要操作的裝置裝填於上，而讓人更有注視的必要，就像管子般具有多層次的性質。再來看視線計測裝置的數據，根據不同距離轉換注視的模式，於是推測在不同層次上的認知是以距離作爲切換（圖2-9）。管子與觀察者之間的距離可能是切換性質的一個要件，人的速度在切換的地點會變慢，就像「人類氣象圖」裡形成停頓的狀態。當然，單純的歸納總結是危險的，這需要更深入的研究，而人在空間中產生的行爲，似乎和在行動之中如何去認識周圍環境有所關聯。

第三章

機能是讓空間縮減到可操作狀態的發明

作為縮減點的機能—

如上一章所述，人的活動與空間的存在是很難分離的，對空間的認知也造成影響。但是大部分在休息室及入口大廳的行爲是隨人們各依其意自然發生。另一方面，也有依據文化習慣產生的行爲，像是爲了上課而被集中在教室，當 program 明確受到控制時，這個行爲的起源就很難被看見。之前所提的拉普卜特將二者區分爲：前者是自然發生的行爲，稱爲「行爲設定（behavior setting）」；後者與文化或被控制的行爲稱爲「活動系統（activity system）」，此整理在思考空間與人的關係時是不可或缺的。特別是爲了讓設施運作順暢，關鍵是須統整性地協調「活動系統」，在建築計畫領域中，也對這些行爲進行了許多研究。然而，人們是如何各自被 program 影響，其實很難從外部理解，實際上超過半數的狀況可能是來自於不同目的的人之行爲重疊吧。而且若將人與空間的互相滲透作爲一個事物來看，會是一個複雜的現象，若就如此進入這個想法，會有看不見整體的危險。具體行爲的起源與空間構成本來就是兩件事，即便在某種程度上觀察它們的關係，一旦要實際融入設計條件時仍會伴隨許多障礙。總言之，要將人的行爲接合於設計需要很大的跳躍。

爲了讓這個跳躍得以成立，至今大家所採取的方法仍是將行爲完成的表現（performance）縮減成「機能」這個詞彙。將「機能」插入在上一章所提的「行爲→空間」的關係中，變成「行爲→機能→空間」來操作「行爲」和「空間」兩者間的關係。而本章的重點聚焦於理解「機能」這個詞彙的角色。

維特魯威（Marcus Vitruvius Pollio）的對應

學建築的學生第一次碰到「機能」的概念，大概是來自維特魯威的這張關係圖（圖3-1）。面對自然作爲庇護的「持久（firmitas）」，實際幫助人類生活的「實用（utilitas）」，和捕獲人類知覺的「美觀（venustas）」，羅馬時期的偉大建築理論家明快地建立這個三分法，歷經兩千年至今也未見褪色。

維特魯威解釋，眞正的建築家必須熟知文學、繪畫、幾何學、哲學、音樂和法律等多領域的理論與實務，這個三元論也建構在統合性之上。根據其論述，「美觀」進一步可被區分爲，構成整體的外在原理和空間／建築幾何的內在原理，後者細分爲與身體協調爲基礎而顯現的比例關係，以及透過感官成像而獲得的知覺部分。這種美的原理根源稱爲 modulus，也就是模矩（module）；這些被認爲適當的尺寸系統即是產生「美觀」的泉源，也是建築師的專業能力核心，因此維特魯威在《建築十書》裡，花了極多篇幅說明這個部分。

另一方面，維特魯威率先提出了「實用」的概念，但其論述卻意外淺白。「實用的原理是，此場所可對應不同種類，達到各個方位保持適當分配，讓此場所無缺陷且使用無障礙地進行配置……（日文版森田慶一譯，第一冊第三章第二節）」。但對場所的活用與建築配置，卻幾乎沒有具體計畫的說明。出現最多「實用」一詞之處是第二冊談論建築材料時，他舉例說明選擇哪些種類的石材與木材會「便利」、「恰當」，與今日我們概念中的「實用」之意相當不同。

這個三元論後來有其他作者增添新的要素，事實上，此三元素是互相影響而被結構化，與其增加元素，更重要的是能夠深刻注意他們之間的相互關係並深入思考。因此以現代的意義來解釋「實用」這個詞彙，可推測出應是傾向於建築「機能」的意思。

歷史上許多建築家追求的「美觀」，其基本概念是比例（proportion），與支持空間的「形（Form）」有關。這個「形」不僅只是材料種類與尺寸，並且「形」的構成決定與其性能的「持久」也有很深的關係。因此可以解釋爲「美觀」和「持久」共同與「形」有深刻關係。且「持久」是不能單獨拿來評價的，它的背後需要有工程技術系統的支持，以持續追蹤進行階段性評估，同樣地，在如此複雜的社會脈絡中，對於「實用」的定位，也同樣需要這樣一個系統來支持。因此可以理解，「持久」與「實用」都與「系統（system）」相關。並且，我們已經看見人進入空間活動之際才首次流露出的「實用」面相，意即它們無法與「空間」分離。而「美觀」對使用者來說是包含在「空間（space）」之中，於是在空間中移動時，會對美觀有許多發現。因此「實用」與「美觀」都共同與「空間」相關。如此一來，從這裡發現的新元素「形．系統．空間」增加在「持久．實用．美觀」的三角形上，可整合成圖3-2。

接著進一步來思考各個主題。若以「美觀」爲中心，對應「空間」與「形」兩者，也就是說「實用」與「持久」一部分的處理是建築師的工作。以「持久」爲中心，對應「形」與「系統」，是技術者的工作；以「使用」爲中心，對應「空間」與「系統」，則給予了營運管理者（manager）處理權限。

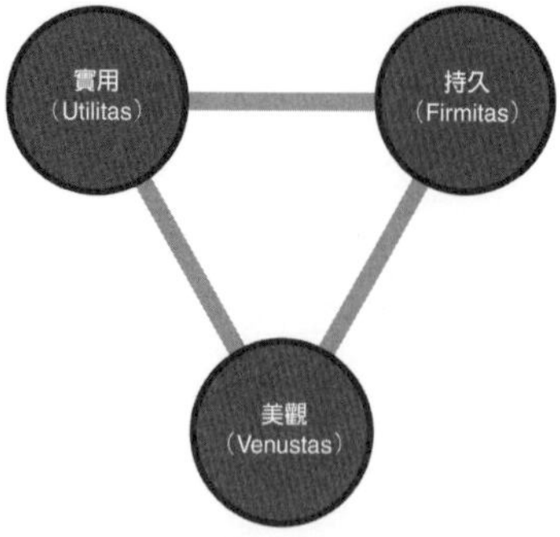

圖 3-1　維特魯威（Marcus Vitruvius Pollio）的三元論

圖 3-2　持久、實用、美觀和形、系統、空間

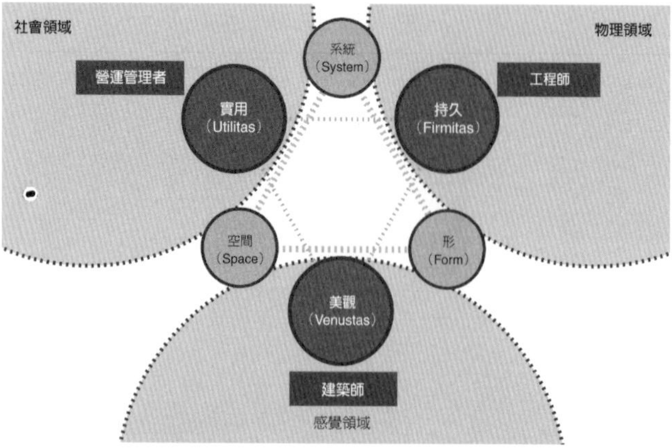

圖 3-3　作為案件的建築

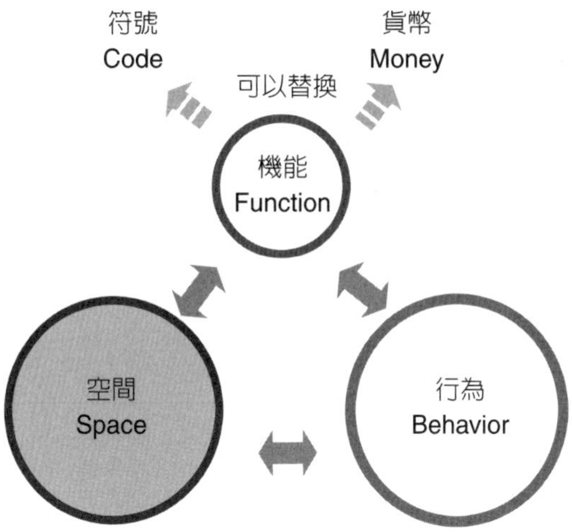

圖 3-4 作為中間項目的機能

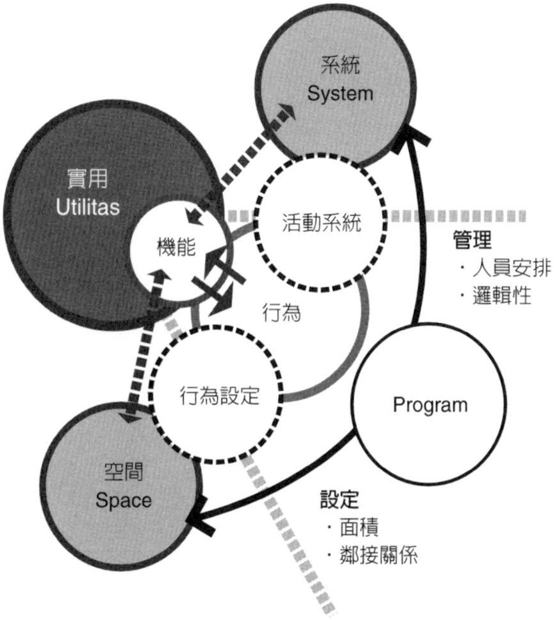

圖 3-5 Program 與機能

從這個視野俯瞰，以感覺領域、物理領域、社會領域各自對應於具高解讀能力的建築師（architect）、工程師（engineer）、營運管理者（manager）等代表者（agent）共同達成，這時就會浮現一個建築案的輪廓。（圖3-3）

機能的思考方式

如此說來，「實用」是構成建築運作的基本元素並顯現在「空間」中，和「系統」有很深的關係。那麼「機能」、「實用」、「空間」之間有什麼樣的關係呢？

首先，應如何區別「實用」與「機能」比較適當呢？以詞彙來說，「機能」在日本大辭林字典被解釋爲：「事物具備之作用。器官、機械等互相關聯組成全體的各部分，在全體之中擔任一個固定角色。」這和「實用」的無尺度總括性概念是不同的，而「機能」的角色重點是作爲構成整體的一部分。前述的「行爲→空間」之間插入「機能」的意義即爲此，因此放入機能作爲中間項目可讓各行爲被區分且更容易操作。加上，一旦加入在像這樣抽象化的階段，會帶來另外的效果。機能若被「符號

（code）」抽象化，會有被分別以面積或是「貨幣（Money）」等其他價值來交換的可能性，再加上操作，評估／評價也會變得容易些[2]。（圖3－4）

前面提到「program」是「系統」在「空間」中得以良好運作的設定手續，可以分成數個領域來思考。首先是「管理」，它以「系統」作爲介面，進行邏輯性的思考來安排適當人才及物品供給等。再者是面積表和圖解（diagram）等，對空間計畫與運用進行「設定」。此處發生的行爲若與系統的含義相近，被稱爲「活動系統（activity system）」，若與空間含義相近則被稱爲「行爲設定（behavior setting）」。就像這樣，以上各行爲的總和就能確保機能的實際狀態，「實用」即爲被積分的狀態（圖3－5）。

雖然還留下被分節（分段化）的各元素如何再統合的問題，但如果緊盯著營運管理且使用圖解和面積表的方法進行空間操作，仍是可以確保機能的。整合以上這些，似乎可以確保三個元素之一的「實用」了。下一章，將思考實際在設計現場之中確保機能的相關作業。

2　譯註：例如教室空間應有課桌椅等，但平面圖上也許僅以「教室」的代號代表即能進行溝通。

第四章

圖解與面積表是讓機能得以固著在建築上，對建築計畫是有效的工具

「仙台媒體中心」的 Pre-design ——

「仙台媒體中心」首次的討論會議，於1994年6月15日週三在日本東北大學進行。當時負責人說明了位於私人大廈的市民藝廊，目前所使用樓層的租約即將在數年後期滿，因而必須確認未來新藝廊的空間，而這正是個重新規劃的好機會。新基地位於仙台市的象徵之路「定禪寺大道」上，將整合原有公車調度站與鄰地，希望以複合式文化設施進行建設，以上即爲計畫的骨架。計畫中也包括了市民圖書館的改建、映像媒體中心，與提供無障礙資訊的設施等，可一口氣解決仙台市抱持的課題，並舉辦建築設計的公開競圖。市政府在此計畫中亦企圖以最大限度活用珍貴的市中心土地。並且，仙台市政府和營造廠之前的收賄醜聞使得市政府形象受損，採用公開競圖的方式也將有利於恢復形象，然而市政府並不十分了解計畫進行的know-how，因此希望大學方面能予以協助使其務必實現。但此時這個計畫仍像懸案一般，只知道是四個設施的複合設施，又因基地是市中心僅存的珍貴土地，故希望可被細心設計。市政府原本只表達了想借用大學執行設計競圖知識的期望，並沒有創造新型設施的議題。就在我的上司菅野實教授任命我爲此案負責人的那一晚，我凝視著寫著四個設施的名稱資料，忽然意識到一些事，即這四個設施並非不同的東

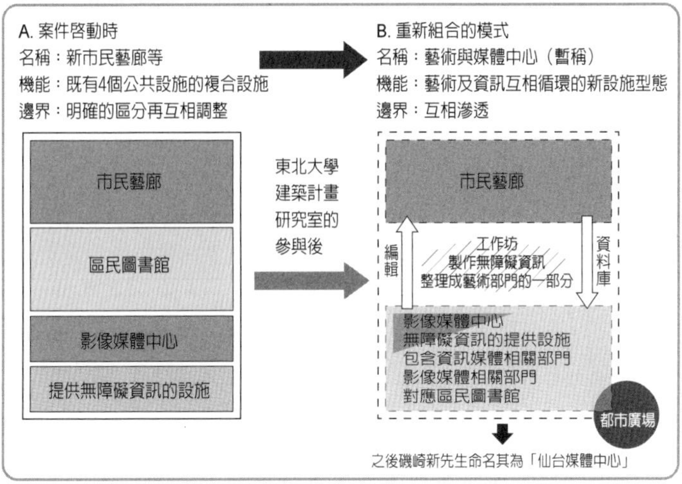

圖 4-1 仙台媒體中心初期圖解（diagram）

西，它們都是由「藝術（art）」和「媒體（media）」的元素所構成，相異之處是兩者調和的比例，也就是說，藝廊的兩者配比是8：2，圖書館是2：8的狀況。

若是如此，但各設施的來源不同，就此直接囊括在一起是很困難的。因此是否能以動態方式混合，類似引擎的機能，假設將稱爲「工作坊（workshop）」的部門編入於此會如何呢？所謂「藝術」，是將蒐集的素材透過資訊庫的儲置，再從累積的資訊之中抽出幾個元素加以編輯而成。在藝術和資訊之間產生循環來耕耘都市資源，是否會孕育出仙台所需的資訊傳播種子呢？（圖

4-1）。雖然實際上這尚未得到官方的確定，但「仙台媒體中心」在建築計畫方面的想法是這樣產出的。

雖然當時市政府內已大致完成了四設施複合案的內部調整，但是應如何發展這個 program 的想法是接下來的課題；換言之，爲了讓衆人共有一個具新方向性的願景，需要一個強而有力的「中心」。因爲本事業橫跨了藝術、資訊、都市的領域，於是我們開始遊說既是建築家也是理論界支柱的磯崎新先生來擔任評審主委。

像是被我們半強迫地說服的情況下，磯崎先生提出以下三點重要提案：⑴審查過程完全公開；⑵召集可以經得起公開審查的一流評審委員；⑶爲了讓提案更具確定性而定名爲「媒體中心（Mediatheque）」。就這樣，同年 8 月在磯崎先生的輕井澤磯崎別宅確定了「仙台媒體中心」的事業方向。

與圖解（diagram）對等呼應的面積表

因磯崎新先生的參與，好像可以看見新設施的一些方向了，但如何讓這個高抽象性的概念圖解（圖4-1）實際地產生機能，仍存在幾個課題。問題之一是如何賦予各部門 program 驅動可能性的寬度，同時還可以生成與設施型態合適的加乘作用。如果沒有面積配比作爲實際的支持，那麼以「媒體中心」爲名號的共築空間即使完成，也只是掛個招牌罷了，圖解也會成爲一個空虛的命題。

要讓各機能相互產生加乘作用，的確需要有餘裕的面積進行連結，但實際上需要多大的面積才算充足呢？如何導算出恰當的面積數值？爲了尚不存在的活動尋找條件是極困難的。因此我們在全日本複合式文化建設中，大範圍蒐集當時優良公共設施的資料，包括被認爲在融合機能方面表現突出的富山市民廣場等，並精密調查實際面積大小。調查結果可將空間分爲數個部分：共用部分的入口、大廳，它們是讓利用各機能的人們可聚集的特殊共用場所；另外是一般的共用部分，如樓梯、走廊等。調查後發現這兩部分在總樓地板面積的比例，前者通常介於3～5％，後者約25～30％，但高評價設施的前者略大於10％，後者約25～30％。

總之，讓門廳等各機能得以融合的特殊共用空間，須確保占全體面積的5％以上。這表示在「仙台媒體中心」預定的總樓地板面積1萬8千～2萬m^2之中，須從各部分的空間中共節約出1000m^2以提供給機能融合。到目前爲止，市政府規劃此案仍爲四個不同設施的複合體，因此要節省各機能空間相當困難。圖書館的藏書量規定約30萬本，藝廊則依據市民要求，空間大小須能舉辦二科展（日本文部科學省舉辦的美術展），要減少各部分的面積幾乎不太可能。

即便在這樣的狀況下仍要想盡辦法出招，不然新型設施的創建只是招牌厲害卻沒內容就結束了。因此圖書館的部分，將「媒體中心」設立之後便不再使用的舊圖書館，轉用爲書庫，便可壓縮閉架書庫的面積，於是與市政府的人員多方協調，找出可實現的出路。藝廊的部分，則根據作品展示數量所需的牆壁長度來逆向計算必要面積，從計算得出懸掛兩件作品需要約500m^2。若這展示牆的長度數值可暫時確定，某程度的面積即可彈性使用。以這樣的故事製作說明資料，藝廊的展示空間分成常設與臨時，才取得雙方同意，使常設空間得以壓縮面積。

更進一步，對這個新提出的面積分配，仍須確認實際上是能成立於各設施機能的。於是，研究室設計了數個不同 pattern 的設計草案，以確保新面積配比下的空間實行狀況。設計競圖的面積表即是經由如此精密調查的過程還原製成。現在拜訪「仙台媒體中心」，從一樓大型廣場至作爲作戰本部的七樓工作室（studio）等，可以明瞭這些空間重要角色所發揮的作用，這些面積大多是藉由事前踏實地進行調整引導得出的（圖2-8）。

這樣的面積表對建築有著重要任務，就是能將各個機能顯現出來，它記錄了空間機能的基本單元（如適當大小、容納人數等），成爲可使用的數據。面積表大多被認爲會束縛建築師的自由度，是僵硬的規範，但由此例顯示，面積表可與圖解同步進行創造性工作，是有用的工具。

伊東豊雄方案的採用

1995年3月，透過設計公開競圖選出伊東豊雄先生的開創性建築想法之後，他花費龐大氣力思索何謂「媒體中心」，以及如何實現卓越的空間。「仙台媒體中心」中著名的管子（tube）與樓板（plat），在設計和施工階段都經歷了奮鬥的過程，除此之外，這個建築還有許多很深的探討。其一爲極力取消牆壁以啓動機能的嘗試，另一是爲了實行新型態設施而構築的新型營運體制。前者是從原本藉由房間名稱而確保機能的狀態，還原成在各空間中讓人自主發生行爲的可能性，這對負責安排機能的計畫者而言是嚴酷的挑戰。實際設計之中，須對天花板高度等的空間尺寸單位、地板裝修等材料，家具、照明等基礎元素，很小心注意地進行組合，堅持提升自主性行爲的「行爲設定」（behavior setting）準確度的這個方向性，並且透過後面章節談論到的營運面強化，總算確保了前往目標之路的鋪設（圖4-2）。第二章所述的研究內容中，即是在如此去除牆壁的狀況下，確認人的行爲如何發生的實驗。

另一方面，也累積了對後者關於營運方式的各種討論。在設計競圖結束一年後的1996年，這些紀錄總結爲「多木報告書」[3]，因而對新型態設施的概念邁進了很大一步。不過，此報告書雖明晰，卻難以確保與行政語言的整合，與行政體系溝通方法的課題仍有待解決。這個報告書製作過程中經過種種努力，其中檢討委員桂英史先生認爲媒體中心爲新型態設施（new building type），是無法以簡單一句話概括說明，應該擴大它的概念範圍並且從更高層次（meta-level）去想像，他將概念整理成以下三點，而讓我們有了共同前進的方向與戰略。

①提供最先進的知識與文化（服務service）；

狀態1：一般房間的基本狀態

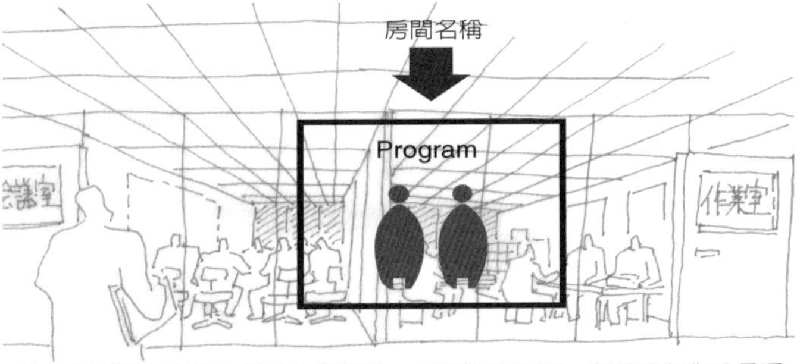

此方式是藉由外形的「房間（牆壁）」來確保其機能，機能和行為乃是透過記號（房間名稱）與在這裡發生的program產生連結。因此以活動系統（activity system）為中心而開展行為的時候，使機能穩定，然而卻限制了「行為設定」（behavior setting）的作用，人的活動是被制約且拘束的狀態。

狀態2：沒有房間（沒有隔牆）也可以顯現機能的狀態

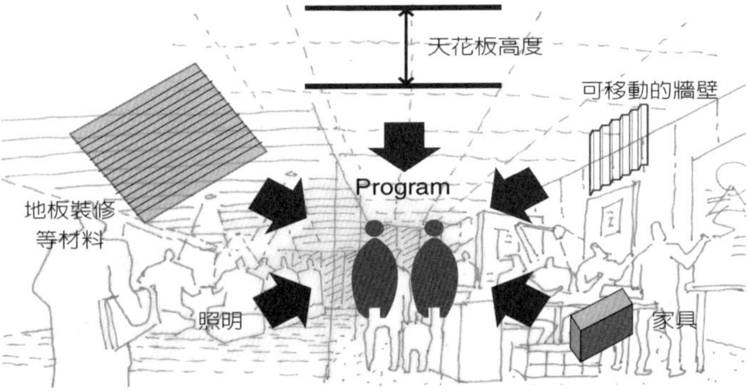

除去「房間（牆壁）」又要擔保其機能，是高難度的方法。統合家具、地板裝修等材料、天花板高度、照明等微小力量的「空間之力」，來提升「機能」發生的機率。因為行為的開展融合了「活動系統（activity system）」和「行為設定（behavior setting）」，可期待發生行為的多樣性及創造性。但還是會有聲音干擾或使用者的集中力散漫等不穩定的元素。

圖 4-2　從房間到空間

3—譯註：此報告書由多木浩二先生整理。多木先生是受伊東豊雄先生之邀爲「仙台媒體中心」進行概念提案的哲學家，由哲學家著手建築規劃提案是非常少見的方式。

②並非終點（terminal）而是節點（node）的想法；
③解放各種障礙（barrier）得到自由。

讓面積表說話吧！京都府新綜合資料館設計競圖（平田晃久案）——

「仙台媒體中心」一案中，建築計畫者是隸屬於業主一方來參與作業，因而能與主辦單位順利聯繫，面積表等設計條件也有可能進行更換。但實際上像這樣的案例很少，一般來說，企劃者製作的面積表是設計者需接受的前提條件，再根據這些條件建立空間。不過，即便在此情況下，若能細膩地解讀面積表及機能之間的連接條件，這字裡行間的詮釋仍具有充足的可能性。本節將以「京都府新綜合資料館設計競圖」一案爲例說明。

筆者在平田晃久先生的邀請下參與此案，以專案成員之一的身分整合面積分配表與平面圖，支援提案的製作。這個設計競圖案是將大學圖書館、京都府圖書館、大學的研究機能及觀光機能等收納在一棟建築中的複雜案子。第一步作業是將複雜的設

圖 4-3 京都府新綜合資料館設計競圖（平田案）透視圖

計綱要整理成機能，並調整機能構成圖。

在這樣複雜艱澀的設計大綱之下，又讓此案更加難解是因爲建築師提出的複雜建築形式。平田先生的提案是由虛實空間構成的格狀立體量體，包覆交錯整個圖書館空間（圖4-3），各個平面單位被分節切開，接合部分也有限。因此需同時操作複雜機能，並融入建築師的困難空間條件，直接面臨了雙重困難。在這情況下，圖解擔任了重要角色。但此圖解並非表示設施任務抽象關係的一般性概念圖解（concept diagram）（如圖4-1），而是爲了表達必要量體（面積）與機能之間關係的泡泡圖（babble

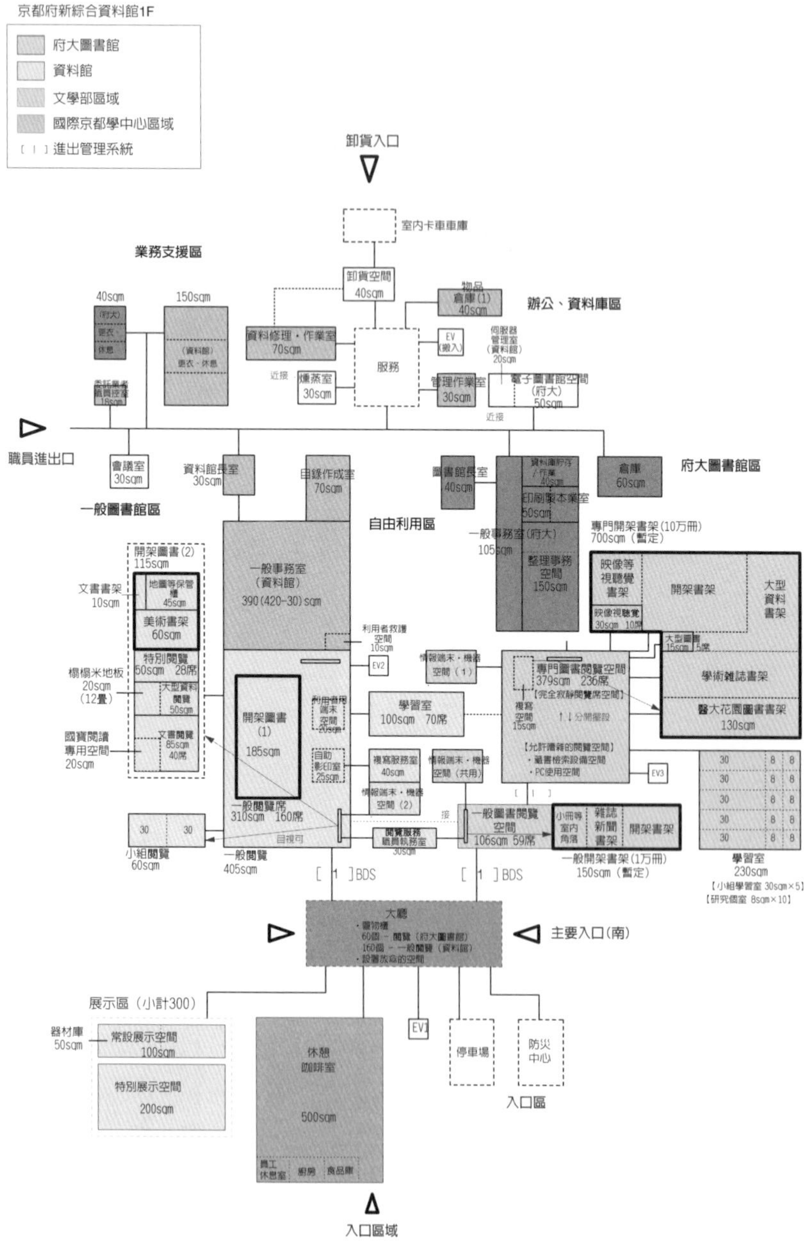

圖 4-4　京都府新綜合資料館設計競圖（平田案）機能構成圖

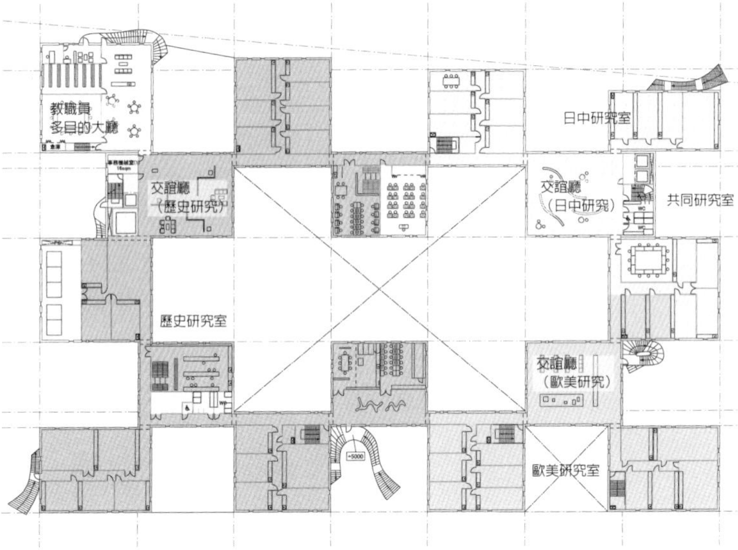

2樓平面圖：府立大學文學部區域

雖然各研究領域族群型態的構成存在著過於獨立性的擔憂，但在交叉處設置了交誼廳，有互相有機交流的可能。

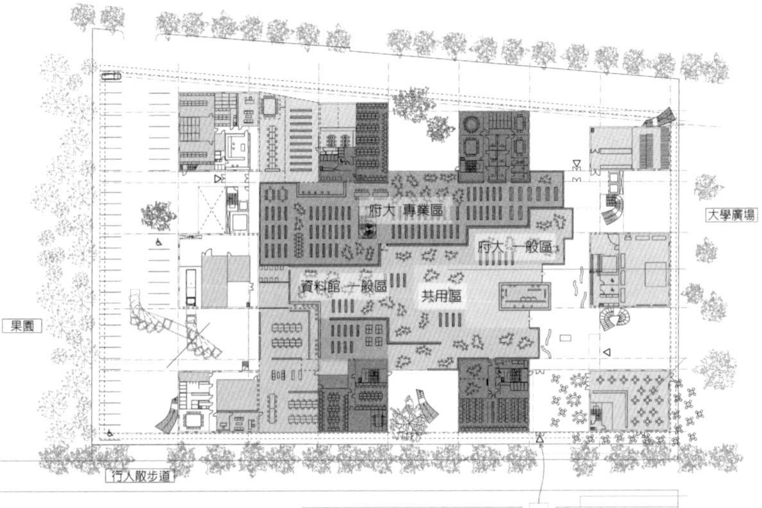

1樓平面圖及配置圖：圖書／歷史資料區

資料館／府大圖書館易於明瞭的區分與融合

將資料館的機能配置於西側，府大圖書館配置於東側，可進行階段性管制的管理。並且配合了安全地安置資料的方式，易於理解與使用。面對大廳的空間有中島式的資訊服務台，可在此等待資料借出的手續等基礎服務，更內部的與辦公機能連動的資料館、府大圖書館的櫃台提供較專業的服務。如此區分各服務內容，實現了高效率、高品質的運用。

圖 4-5　京都府新綜合資料館設計競圖（平田案）平面圖

diagram）（圖4-4）。透過畫出這個圖解，更容易直覺地理解這個難以吞嚥的複雜構成了，並以此圖解對照建築師原本的提案，整合後修改了平面圖。經歷這個作業後，改善了原先邏輯性或是管制上不穩定的問題，各機能間的聯繫也整合成具體的平面形式，這個設施擁有的各種潛在可能性也以平面繼續開展（圖4-5）。

這個設計提案最終得到營運主辦單位的高度評價，但量體分隔的連結方式被認爲缺少空間上的彈性而被頒發爲二等（優秀賞）。事實上這個計畫具有確保讓各量體獨立進行處理的高彈性，也細緻解決了動線和面積分配，這樣的競圖結果相當可惜。

第五章

圖解很方便
但只是個工具，不能被工具利用

抽象脈絡的標準設計（model plan）—

如前一章所述，面積表確保了開展機能的可能性，而圖解（diagram）則指示了機能的連接關係，兩者一組一起操作，能讓機能在平面上有所發揮而出現可能的方案。但現實社會是複雜的，若我們只以一次性生產的方式將建築機能（program）寫下，是無法創造通用性的「實用」（utilitas）。特別對於這樣穩固地建在土地上各自獨立的建築，它們的相異性是一種常態，然而，營運業務需遵循不同的法律及經營等自成一格的系統，這些系統會對每個案子的獨立運作造成很大障礙。例如對圖書館有個有趣的想法，但想法的實行將關係到圖書館管理員的教育與分館系統，勢必會對全體造成連動影響，不經周密安排是無法發展至可被採用的狀態。第三章也提到建築家、技術者、營運管理者的關係，換句話說，若在某程度上沒有整合建築界、技術界、事業界的各種事項，實現想法是困難的。

爲了避免以上這些問題而提出的解決方法，是預先解決機能（program）與平面（plan），並讓這個模式可以複製與普及，即爲標準設計（model plan）。在日本，標準設計的開發與全國的普及，廣泛被運用在集合住宅、學校、醫院等各種設施上；

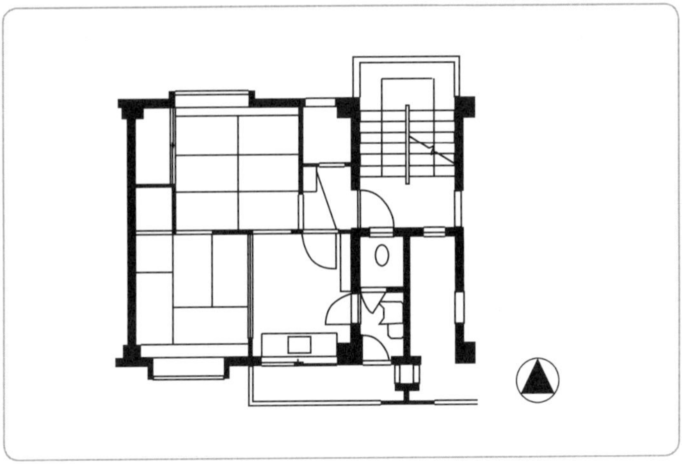

圖 5-1 51C 型住戶平面圖

對建築計畫學而言，從日本的戰後到高度經濟成長期期間是一個幸福的年代，標準設計科學在社會上被寄予厚望，特別是集合住宅的標準設計，讓許多人從農村移動到都市；另一方面，標準設計對於資源、技術、預算有限的戰後重建期也具有很大的意義。

這樣的背景下，由當時的建設部主導而開發了數個平面模式。這些模式之中，最有名的是不到35 m^2的「1951年度公營住宅標準設計C型」，即「51C型」（圖5-1）。雖然今日的35 m^2是只能確保1DK（1房+餐廳Dining room+廚房Kitchen）的大小，但東京大學吉武泰水及其研究室的鈴木成文等人，導入廚房和餐廳結合座椅式DK概念，不同於以往使用拉門隔間，而使空間分割固定化的日本住宅，提出各式豐富想法而創造出2DK的標準型。

「51C型」設計裡堅持的第一點，是讓機能來整理空間的態度。雖然在最小極限的寬度裡，睡覺的場所及吃飯的場所被分開來（寢食分離），並在容許範圍內盡可能設置多個個室（性別就寢）。第二點是爲了減輕家事勞動而將主婦的主要工作場所設置在家的中心，水槽從傳統的北側移至南側，且裝設了不鏽鋼流理台等，企圖超越戰前的家父長制。第三點是確保隱私，以個室隔間遮蔽視線，但也調整了家族之間可在共用空間裡視線交錯，這是讓各自獨立的個體成爲集合體，實現了理想家族的表徵。

這個標準模式的優點，是在任何脈絡下皆可期待它對行爲上作某種程度的調整。另一方面它也具有極限，即很難引入建築蓋在基地上的個別性與使用者自身擁有的文化。這是標準模式會讓生活型態統一化而招致先驅者各種批評的原因。「51C型」的開發者之一鈴木成文，可能也因理解這個部分，而將研究內容擴展至集合住宅內外關係的闡明，及其構築活動的場域（field）。

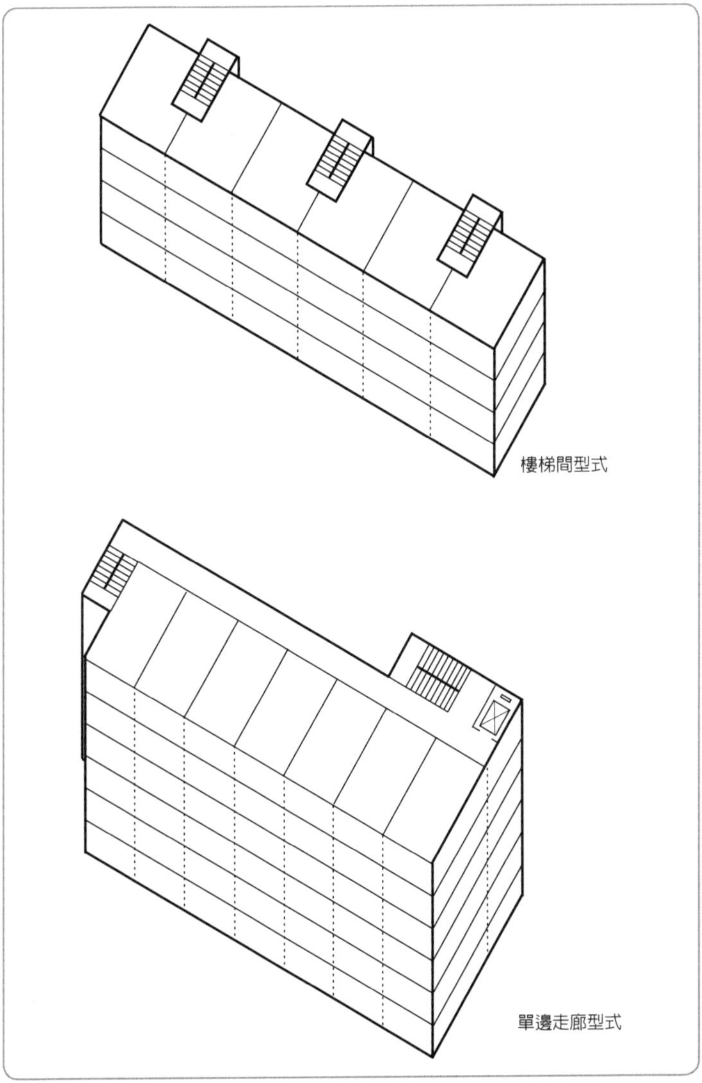

圖 5-2 住棟構成圖

不過，「51C型」的規劃前提是建立在當時一般住棟的形式上，且與樓梯間型對外的接觸度偏高[4]，只要不對日照時間的長度反應過度，它的平面配置擁有較高自由度以及多向性的發展可能（圖5-2）。若捨棄早期標準設計的抽象性配置，配合基地且用心配置平面，它是可以被捨去表面形象（抽象化）並再次與場所產生關係的手法。然而，時代卻往相異的殘酷方向發展。

隨商業化發展而演進的最小單元（cell）化

樓梯間型建物（圖5-2）的優點是容易取得良好通風及採光，但另一方面，卻只能透過樓梯間到達各住戶，而有著難以高層化和無障礙利用的缺點。「不能高層化」表示無法滿足增加住戶數量的要求，對於在有限土地內盡可能容納大量住戶的民營企業是難以採用的。而無法完全對應無障礙設施會造成公共性問題，因此單邊走廊型開始普及，它解決了樓梯間型的缺點，即在北側設置戶外樓梯，住戶則整頓於南側。此型式的優點是能夠以最少的電梯確保各住戶的無障礙使用，容易高層化，也

4　譯註：與外部接觸較為容易。

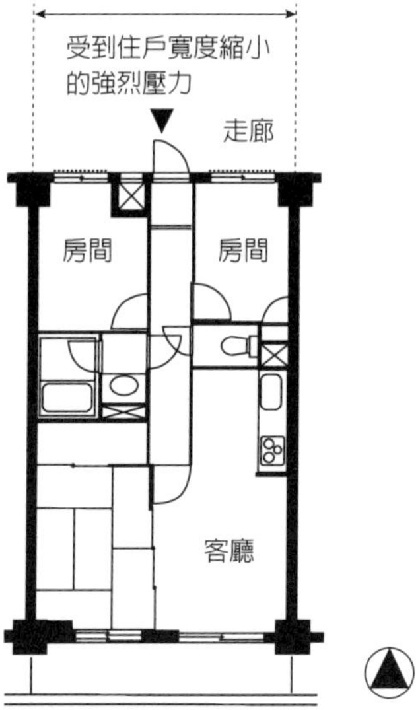

圖 5-3　單邊走廊型式住戶平面圖（3LDK）

容易以相同設計條件確保大量住戶等。因此此型式廣泛採用於民間分讓型集合住宅或近年公營住宅的各種集合住宅，也成為日本現今集合住宅的標準。

但這個型式也存在著問題。在被限制的走廊長度裡儘量塞滿住戶當然比較經濟，但各住戶就會受到住宅寬度縮小的強烈壓力。在這壓力下，必須將需要隱私的房間推到隱私度非常不足的走廊側，而使公共性佳的客廳被推壓至相反側，因而生成奇妙的住戶平面（圖5-3）。這是以公共／私密／共用的順序連結空間，進而構成對外封閉的空間。這樣的自閉住戶平面減少了生活行爲對外滲透的機會，共用空間被最低限度地侷限在戶外走廊與樓梯間，成爲單一目的、不會發生其他活動的寂寞空間。

並且，單邊走廊型以電梯爲中心形成動線，住戶入口必然會被擠於一處。若在這裡設置管制大門，就會形成完全和街道隔離的空間。廊道與各住戶的匿名性關係也會在街道與集合住宅間不斷地重複循環，如此一來，是受到比標準設計更冷酷地匿名化的單元集合力量。也就是在一戶戶的住宅小型分化後，各自散亂增加繁殖的最小單元化（cell化）傾向。這裡顯示出的均質化以及斷片化，即爲前面章節中勒費弗爾擔心的抽象空間性質。

圖解（diagram）的發動——

超越了以標準模式爲媒介的統一單調，數位優秀建築師曾進行過一些計畫。其中最轟動的是建築師山本理顯的「熊本 artpolice」一案，這個嘗試的特徵即是「圖解

（diagram）」的活用。

「熊本artpolice」是1986年在當時熊本縣長細川護熙的號召下開始啓動的一項事業，設立目的是發揚地域文化，並邀請國際級建築師擔任委員，將優秀建築師送入熊本縣內的建設案之中。第一代委員磯崎新指名山本理顯爲最早的縣營住宅（熊本縣營保田窪第一團地）設計者。原因是磯崎新注意到山本理顯關於家族與住宅關係圖解的研究，希望應用這個獨特圖解於住宅中。在此新集合住宅計畫之際，山本將當時已發表的房間（個室）對社會開放的模式加以擴展，構想了住戶圍繞共用空間的圖解（圖5-4、5-5）。這個圖解也表達了功能的關係性，優點是平面可以配合各環境而設定。此方法相對於標準設計，更可以順暢地對應個別環境。「保田窪第一團地」利用這性質，解讀周邊環境而構成住棟配置，在設計上能讓人想像集居於此的氛圍。一方面，透過圖解較可使山本的理念直接空間化，圖解所追求的生活形式（life style）與一般人的習慣在此產生的各種反應（反抗、不適應、適應、活用、放棄……）出現了複雜樣貌。這樣的圖解在理論基礎下形成社會運動的支點，具有良好的性質。但另一方面，它是抽象化關係的紀錄，只是個記號，也具有冷酷的性質。因此若要描繪成實際建築的話，仍需建築師的感性和創造性介入其中。「保田窪第一團地」的設計是建築師謹慎地發動其創造性，讓圖解的影響力及空間的豐富性兩者能同時平衡地發揮最極致作用，這是擁有優秀建築師的稀有案例。如此可知，圖解具有強力的機能，但是個運用上尚需仔細注意的麻煩工具。

空間帝國主義

敏銳地感知到此危機的社會學者上野千鶴子，以「空間帝國主義」揶揄此現象。上野和她的學生在「保田窪第一團地」落成後進行了實地調查。她抽出一些問題如下，作爲共用空間的封閉中庭對兒童而言是良好的遊戲空間，但高齡層對此處多爲負面評價，居民們相當困擾該如何使用這樣公私區分的住戶配置（plan），活動（event）只被侷限在某一區域，實際上有讓居民與此空間產生距離感的傾向。對於依據空間的提示來改變社會的建築人來說，上野的批判使他們回過頭來檢視此種嘗試的侷限性，但還有其他問題存在。上野有點像被建築師牽引，她的批評對象從山本的集合住宅擴大到前面所提的「51C型」，命名他們爲空間決定論的形式，不過如同前面

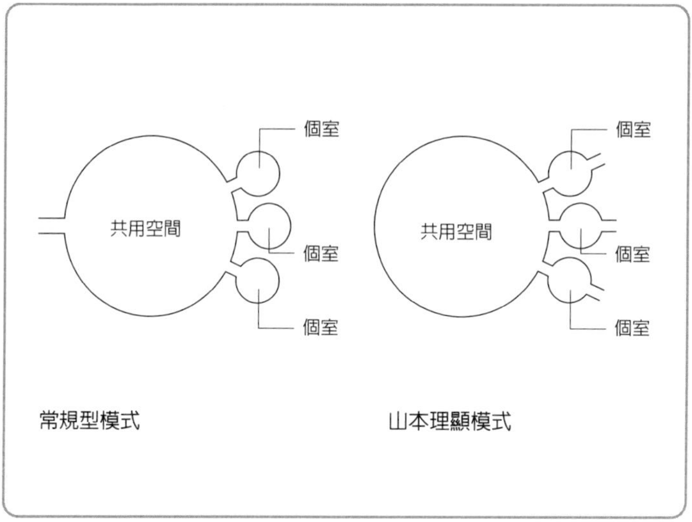

圖 5-4　山本理顯的住宅圖解（diagram）

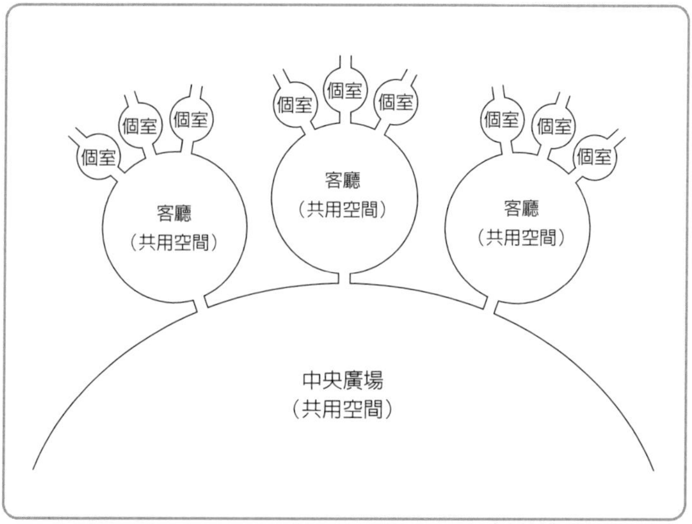

圖 5-5　山本理顯的集合住宅圖解（diagram）

所述，這兩者之間是因商業化而導致單元化。若移除這緣由而僅談論空間決定論是有不太周全之感。

此外，上野所處位置是在讚揚社會關係，除了爲了破壞「帝國」而使用攻擊性措詞之外，她的說法聽起來已經過度切割社會關係與空間。在這裡不難看到由勒費弗爾與索亞所指出的，根據歷史主義而輕視空間的傾向。

儘管還有這些課題存在，上野所言的「空間帝國主義」，也就是圖解介入空間構成中所產生的激烈作用，使建築師的想法與居民的日常生活方式出現了對立的衝突。像是從浴室經過戶外再回到客廳般刻意錯開的連結關係、狹窄的收納和玄關空間、很難使用的廚房廁浴室（水路）位置等，浮現了圖解造成的一種嚴重未整合狀態，這些雖與標準設計容易發生是不同層次的問題，但同樣難以解決。

「51C型」的開發具有功效，但另一方面與標準模式的統一單調化也有些關係。然而若以較廣的視野來看，更有問題的是單邊走廊型的普及。此種自閉住戶型式與隱私概念結合被一般人廣泛接受，如此一來，共用空間以及專用空間之間很珍貴的互動介面上就難以發生社會行爲，這個負面影響的根扎得很深。因此要被指責的並非

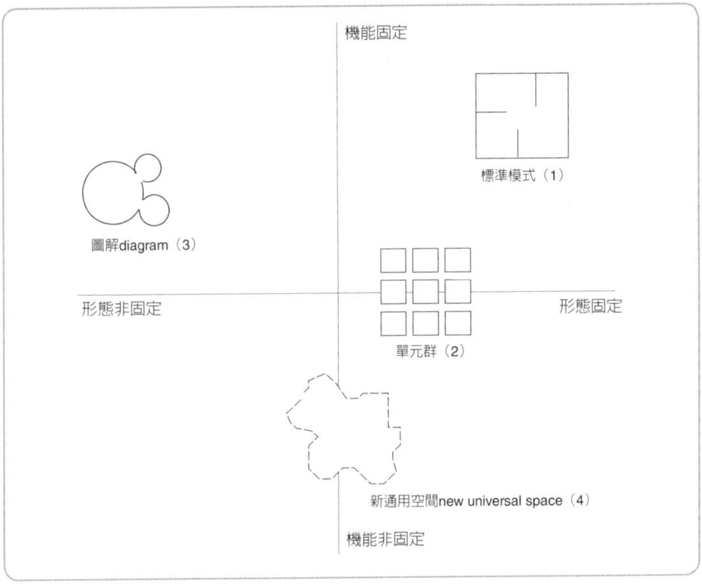

圖 5-6　空間操作手法的分類

「51C型」，應該是單元化所引發的社會與住戶之間斷裂的關係吧。

圖解（diagram）是魔杖嗎？

這些空間操作手法有各自的優缺點，重要的是須先理解之後再使用。在此再概觀一下目前所提出的手法。具體來說，以兩個軸線來整理，一是機能是否有被固定的機能軸，以及形態是否被固定的形態軸（圖5-6）。

1 — 標準設計（model plan）

標準設計同時指示了機能與形態。它具有明確性而能啓動營運系統等特質，容易生產並複製到不同地方，適合 program 進行運作。然而卻引起了讓生活行爲統一單調化的批判，建築的內外界面本應該是豐富社會生活的起點，卻因此變得抽象化，容易忽略與外部關係的獨特個別性，形成具侷限性的存在了。[5]

2 — 最小單元（cell）化

單元化與標準設計併用的機率高，而且「51C型」和寬度壓縮的「nDK型」的相互關係較多，容易產生混淆。但其重複性所帶來的經濟合理性是此形式的最大特徵，在高密度的狀況下可以實行，因此各單元會被徹底個別化。換言之，在各單元裡導入了過度隱私，結果此手法的濫用使住戶閉鎖化，產生了社會關係資本減少的問題。

3 — 圖解（diagram）

在這裡只指示了各機能的連結關係，它的自由形態可適應各種脈絡，如前述的概念圖解以及泡泡圖解等，即是順其用途產生了數種不同的形態，也可能產生激烈的接合關係，因此手法在實際啓動時會有強烈衝擊，是被定位於空間帝國主義的代表性武器。當然，因爲人具有很高的適應能力，可適應各種狀況發生而避免悲劇，即便在這直硬的社會中也擁有變化的機會。總之，率先進行這樣的實踐，是走在社會脈動的前方，驅動社會運轉跟上。然而，付諸實行之時，要能使其安全落地是極爲困難的作業，在後面的章節會再加入確保運作過程的營運視野，若沒有仔細地從各方面支援，採用此手法是危險的。

4－新通用空間（new universal space）

此爲優秀的建築家正在創造的空間，此種空間具連續性又有微妙的分隔，並開放給許多人。非常細心完成的空間讓其中移動的主體發動知覺，使用者在這樣空間之中讀出空間裡的微小差異，各隨己意展開活動。然而這是將空間的性能丟給使用者的自由或能力的善意系統，但下一章也將論述，此種空間也會依使用者的解讀能力而往不同方向發展。它擁有很大可能性，但仍在發展過程中。

5－譯註：例如外面有很美的一條河流經過，卻因爲直接置入標準設計而沒有開窗的狀況。

以上空間操作有數種方向性，各有優缺點，設計方需要視情況整合使用。特別是圖解的突破力大，使用上需十分注意。在有些學生設計課作業裡會看到使用圖解直接轉換成設計的例子，經過此章的探討可以了解到圖解所存在的種種侷限性，希望我們對此能夠產生共識。

建築理論家桑福昆特（Sanford Kwinter）曾說，機能與圖解之間應該要是寬鬆的關係，也以下文警示：「圖解具有可以讓機能瞬間分解的力量，也可以提供讓機能有歷史性成就的力量。圖解是一首歌，也是個大槌子。結果它只不過單單是意思上的機能，並非眞實。」

下一章將提及這些代表性手法：利用圖解和通用空間（universal space）設計的實際建築，從這些建築的使用者行爲中來思考此手法的具體課題。

第六章

空間無法自由操作人的行動

綜合學科高中：新型設施與圖解（diagram）的利用

到前一章爲止，整理了各種計畫的方法論，本章將舉出活用這些方法論的一些好作品，但這些作品中，使用者行爲並未往計畫者所預期的方向前進，以這些例子來思考關於計畫之後的課題。

所舉例的新型設施爲「綜合學科高中」。綜合學科高中的制度於1993年創立，其內容是讓學生自己從一種以上的開設科目中選擇課程，這是在高校系統中除普通科及職業學科外，被稱之爲第三種形式的學校。這種複數課程的編制是在具體目的下，讓學生可以較自由地選擇科目深入學習。此系統被教育界廣泛接納並深受期待，但也存在一些擔憂的聲音，如學習場所的流動化增加了途中脫離（drop out）的危險性、供給多樣課程並不能保證其專業度等。特別是佐藤學曾舉例表示，美國對於科目的自由選擇（le Quartier Latin）方式並沒有絕對的成功，尖銳批判了這種無條件信任學生選擇的風潮。對於這樣的新形態課程適合何種空間形式仍被持續討論著，而實際上已有使用不同空間形態的結果。

學科教室型	非單邊走廊型	A校：3樓平面	建校年分	2002年			圖解
		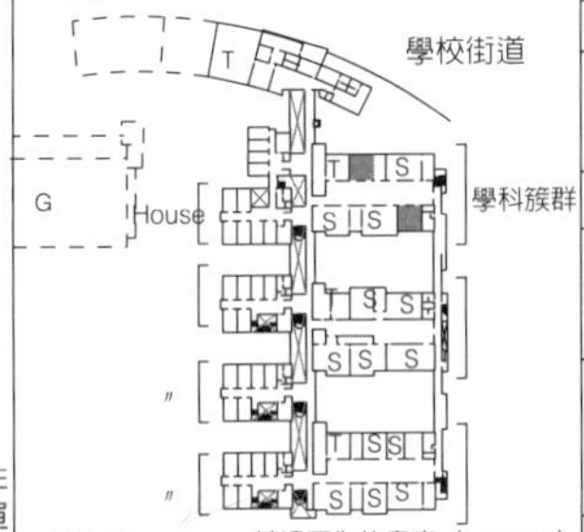	校舍	新建校舍（2002-）、3層樓			
			全校學生數（系統數）	985位(9)	國際人文/福祉/藝術、設計/商業/機械/自然科學/體育、健康/資訊/都市工學		
			基地面積	25,597㎡	樓地板總面積	18,790㎡	
			教室種類及數量	HR教室24 專科教室38、小教室7、 休息室（Lounge） 4 、HB24			
			空間特徵	由HB、休息室（Lounge）組成的4個House（生活空間）和由8個學科族群組成的學科教室（學習空間），以挑空的學校街道相互連結。			
		HB：Homebay，其樓下為休息室（Lounge）	學校背景等	新設立之學校，包含日間部及夜間部			
HR為中心的專科教室型		B校：2樓平面	建校年分	2001年			新通用空間
		FLA（彈性學習區域） 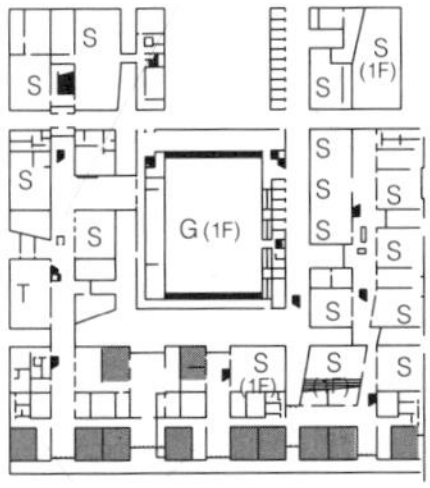	校舍	新建校舍（2001-）、2層樓			
			全校學生數（系統數）	714位(6)	人文國際/自然科學/福祉/教育/資訊科學/技術/農業		
			基地面積	76,221㎡	樓地板總面積	18,120㎡	
			教室種類及數量	HR教室18 專科教室27、小教室5、農場1			
			空間特徵	教室之間夾了FLA及HB空間，可以開展多樣的行為。以體育館為中心構成迴游性高的空間。專科教室與HR教室之間藉由FLA及中庭連結。			
		HB：Homebay	學校背景等	因地區的學生減少，而重新編制了W高中及K農業高中。			
	單邊走廊型	C校：1樓平面	建校年分	1995年			標準設計
		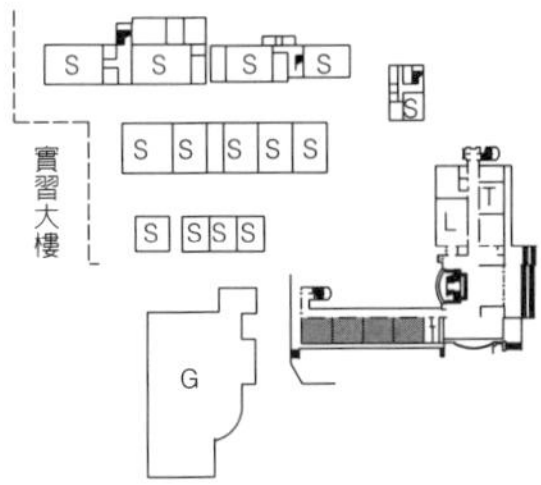	校舍	新建校舍（1989-）、3層樓			
			全校學生數（系統數）	463位(6)	國際教育/自然環境/社會福祉/電腦商業/機械技術/資訊系統		
			基地面積	68,801㎡	樓地板總面積	10,924㎡	
			教室種類及數量	HR教室12 專科教室17、小教室2、大教室3			
			空間特徵	既存常規型校舍的轉用。校舍內中央樓梯下空間為共用大廳。另有4棟實習大樓。			
			學校背景等	受到少子化影響，近年招生數減少。			

■ HR 教室　S 專門教室　T 教職員室　L 圖書室　G 體育館

圖 6-1　綜合學科高中的調查對象

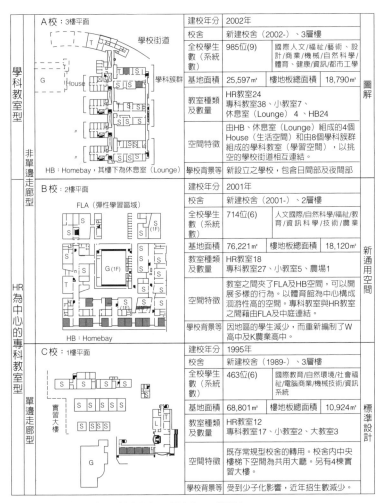

從校舍構成來看學校的差異

如此情況下，有幾位建築師正在實踐這些新型設施的具體空間，此章將提及的重要實例A、B兩校，是基於筆者過去的調查，探討他們的實際狀況（圖6-1）。

A校是由經驗豐富的計畫研究者及建築師所設計，此建築被命名爲「house」，它擁有明晰形式，包含由HB（homebay）及休息室（Lounge）組成的生活空間及學科簇群的學習空間，連結到被稱爲「學校街道」的三層樓高空橋走廊。這是根據細膩精查製成的圖解（diagram）和各機能設定後的面積配比所生成的空間，可說是由「圖解」啓動導出的建築。

B校是由創造許多先驅型學校建築而著名的建築師設計，在體育館爲中心的巨大平面中，整理塡入專門性學科的機能。學習集團是以教室爲基礎，並依此爲起點連結校舍內各空間的彈性學習區域（flexible Learning area, FLA），可從普通教室看穿專科教室，是洄游性較高的平面配置。與其說是單純從明確的圖解來整合各部分，應該說整體是被FLA的通用空間連接，也可說是根據「新通用空間（new universal space）」來做整體統合的建築。

作爲這兩者的對照所選擇的C校，擁有與傳統學校相同形式的單邊走廊與條狀校舍，是依單邊走廊的標準設計（model plan）計畫的舊職校建築再利用，其校舍構成包括單邊走廊型的本校舍及實習用的四棟分樓。

此調查是對A～C校的學生進行對整體學校生活的問卷調查（有效回答1295份），問題包括：校舍、朋友相處、對學校的喜好等。再從其中47位學生許可協助下，進行詳細的意識調查。後者的調查方法之一是交給他們一次性即可拍相機，請他們拍攝在意的場所，透過拍攝結果，探討對學校空間的解讀能力及對學校的意識。

根據學生的活動而明瞭的事——

1　一年級上的差別

首先由問卷來看學生全體的動向。綜合學科高中一年級時，學校會提供學級主體的學期課程，二年級開始更改爲自由選擇科目，因此學生在一年級時隸屬於各自班級，同時需思考升上二年級後要選擇的科目；而二年級以上的學生同時隸屬於各自班級

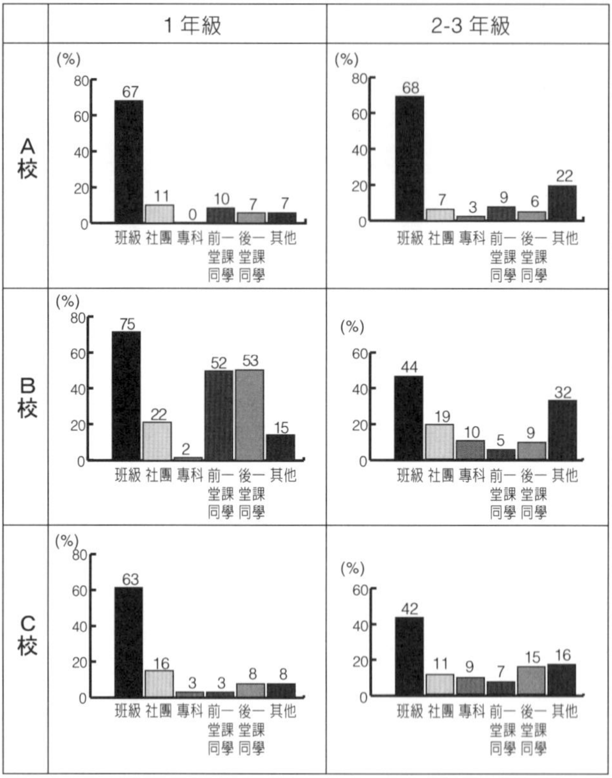

圖 6-2　午休時在一起的朋友
（2、3 年級的「其他」項目之中，大部分都是 1 年級時的朋友）

	A校		B校		C校	
	男生	女生	男生	女生	男生	女生
總數	128	217	268	353	111	179
HR教室區	38.3%		63.8%		79.0%	
	25.8%	45.6%	72.0%	57.5%	83.8%	76.0%
HB	32.8%	1.4%	4.1%	5.1%		
休息室、FLA	10.2%	29.0%	8.2%	16.1%		
專科教室	1.0%	0%	5.2%	3.7%	1.8%	1.1%
其他區域	30.5%	24.0%	10.4%	17.6%	14.4%	22.9%

圖 6-3　領取午餐的地方（男女分別統計）

與所選科目，兩者狀態會有一些變化。因此綜合學科高中的學生需調配並行的各個課程，並且在雙重歸屬於班級與所選課程的情況下自我管理，此爲綜合學科高中獨特問題的原因，這也反映於調查結果上。二年級以上的學生們不只擁有班上的朋友，也會與他們一年級時曾一起煩惱課程選擇的朋友來往（圖6-2）。這種傾向在B校特別明顯，是因爲在FLA與HR（homeroom）前方等開放空間（open space）有許多學生的自由空間，可以看到在這樣的平面計畫影響下，學生容易和其他班級的朋友一起共享午餐的情況。

另一方面，A校各空間很明確地被機能分區接合而具有魅力，調查結果是男生會待在

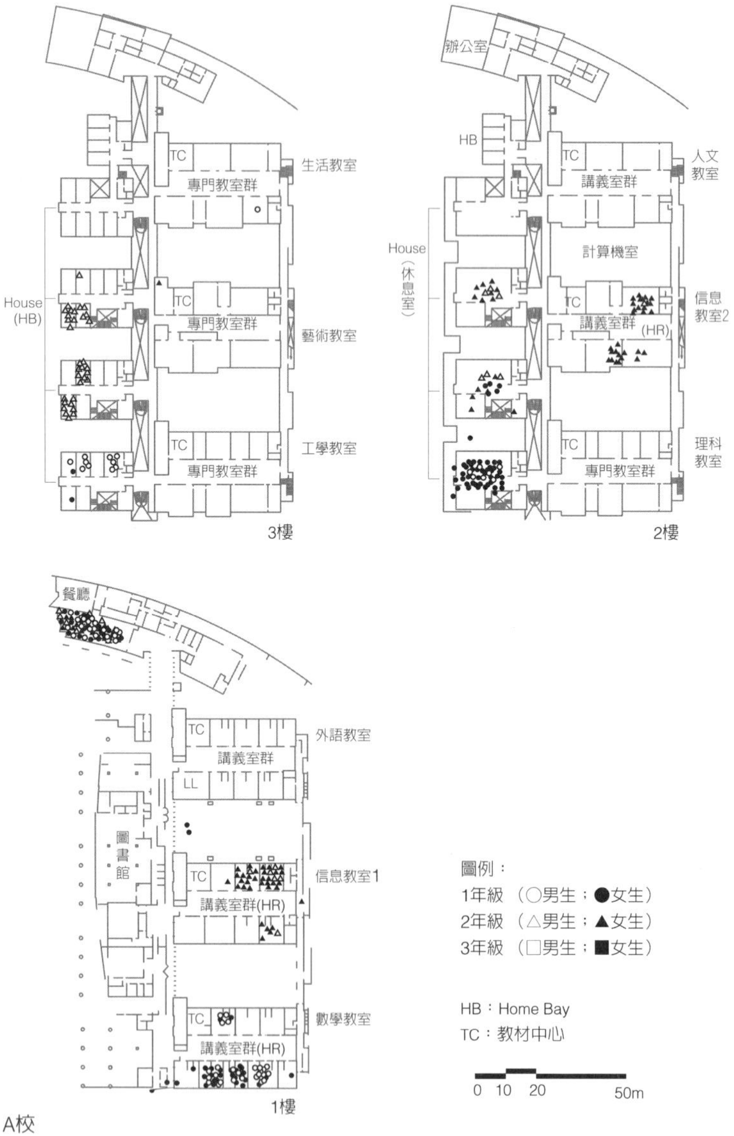
生活教室
TC
專門教室群
House
(HB)
TC
專門教室群
藝術教室
TC
專門教室群
工學教室
3樓
辦公室
HB
TC
講義室群
人文
教室
House
(休息室)
計算機室
TC
講義室群
(HR)
信息
教室2
TC
專門教室群
理科
教室
2樓
餐廳
TC
外語教室
講義室群
LL
圖書館
TC
講義室群(HR)
信息教室1
TC
講義室群(HR)
數學教室
1樓
圖例：
1年級 （○男生；●女生）
2年級 （△男生；▲女生）
3年級 （□男生；■女生）
HB：Home Bay
TC：教材中心
0 10 20 50m

A校

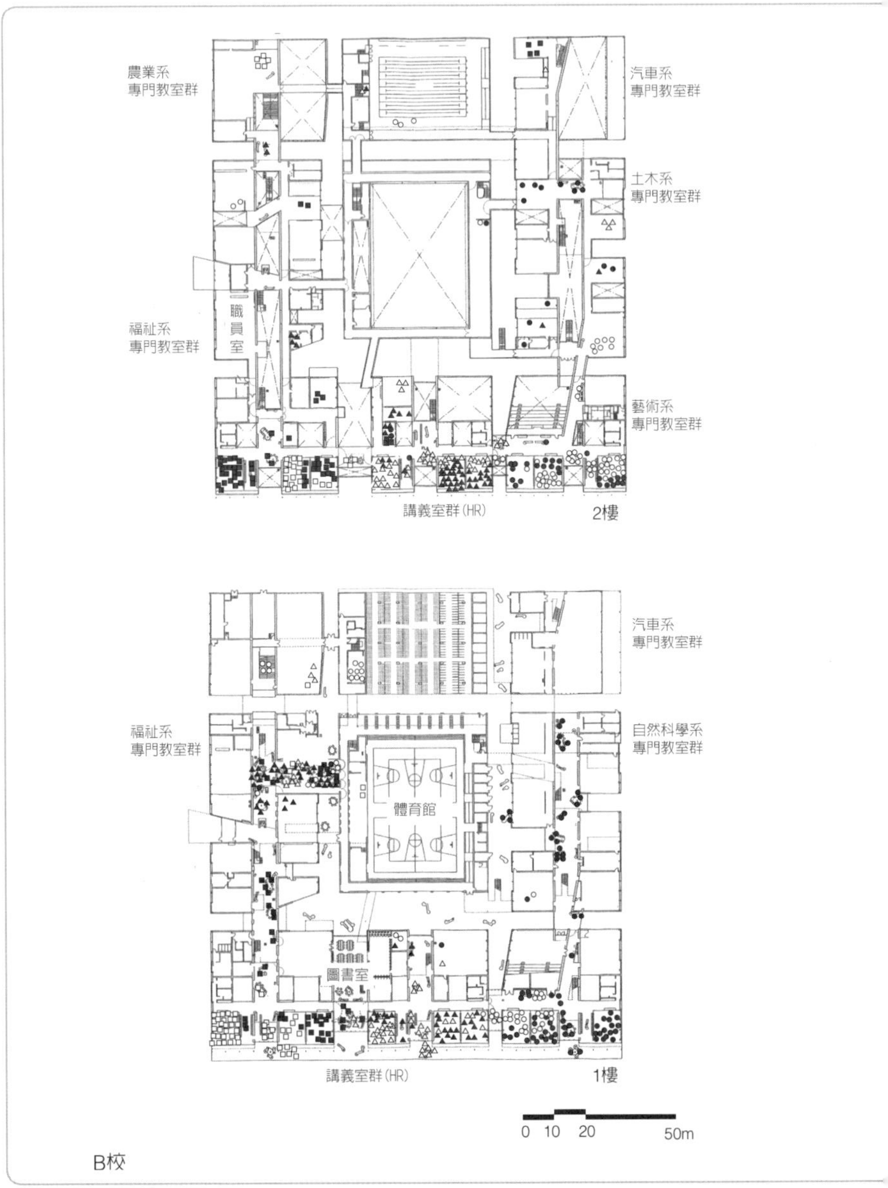

圖 6-4 午休時間的停留空間（製作：谷口太郎、金城瑞穗）

「House」裡的HB空間，女生則會待在休息室或是HR中，各空間有固定停留的群組。設計者原將「House」定位爲班級交流的起點，結果卻是男女各自占有空間，導致交流被切斷了。其中以HB作爲據點的幾位男同學在上課之外的活動幾乎都在這裡展開，因此顯現的問題是他們都不太會進入專科教室的區域（圖6-3）。

2－學校的活動場所

接著探討各校的平面圖，觀察學生將何處作爲活動場所。A校將各空間依據機能分割成小部分，學生們遵從教科教室型的課程（program）巧妙地分別使用這些小空間。總體而論，這些小空間是根據機能分割，再依照課程（program）連繫的樣態。但如前面提及的，爲了形成學校生活的中心而設置的「house」各空間，現實中是男女分別使用，似乎沒有完全實現原來預期的性能。

另一方面，B校的共有空間容許多樣行爲的發生，讓各機能空間和緩地連結，使用上的機能區分與A校相比較不明確，因此大部分學生還是將教室作爲基礎據點，可以看到有學生透過連續性的FLA空間，讓一些活動延伸到專科教室區域。如前述，學生在午餐的群組中也會有和一年級時的朋友保持關係的傾向，可以了解到是因爲這種開放空間容易和任何人相遇的機會，也就有讓這樣的行爲發生的可能性（圖

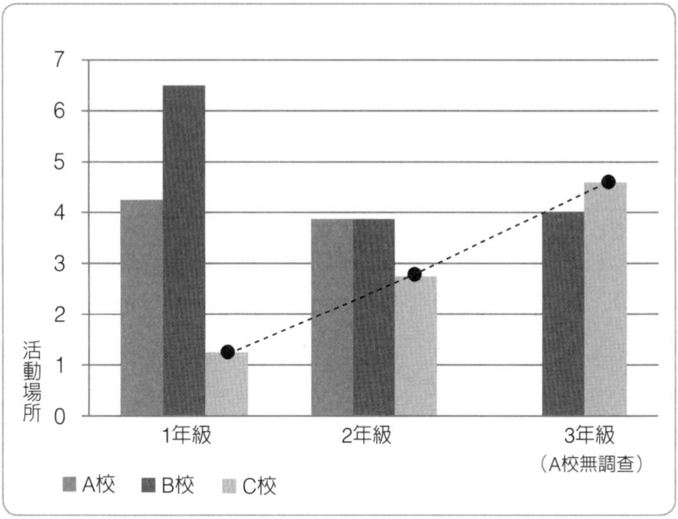

圖 6-5 學生的活動場所及其年級

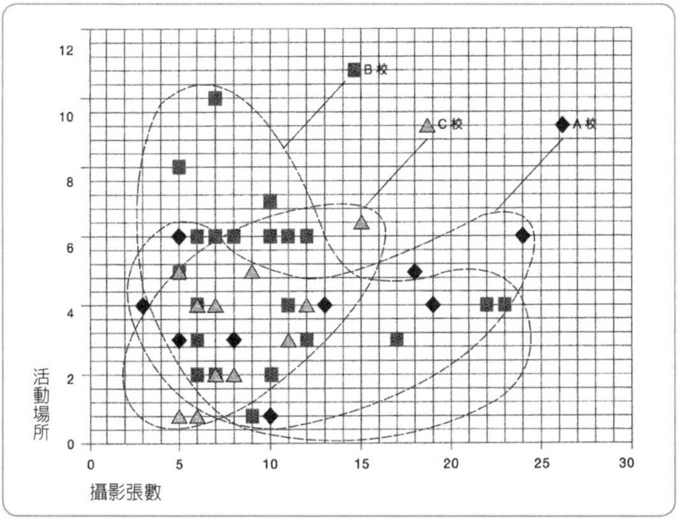

圖 6-6 學生的攝影張數及活動場所數

6-4）。

在一般推測下，較活潑之學生的活動場所會較多，若以這樣的指標來看，學生特徵和學校空間的關係如何呢？我們來看年級與活動場所數量的平均關係（圖6-5），在使用舊有校舍的C校中，可明顯看出，年級越高，活動場所會增加，學生在學校地位的提高和其勢力圈的擴大是有關聯性的。而被非常小心設計的A、B校存在著和C校不同的秩序，很難直接讀出年級與活動場所數量之間的關係。

3－照片調查與面對面訪談

因爲混雜了各種複雜因素，很難一概而論行動和空間之間有一致的關係。然而參與此調查階段的學生報告了許多校內的活動據點，並在校內攝影許多自己在意的場所，姑且可將他們視爲積極使用學校空間的一群學生吧。這群學生集中於空間計畫上富有巧思的A、B兩校，A校的空間依據機能區分，各年級學生都拍攝了很多有趣的場所，解說也非常豐富。整體而言，似乎可看出活動據點的數量及其對空間的解讀能力兩元素間的關係（圖6-6），這種傾向也與拍照張數較少的C校相同。但在以開放空間爲主體的B校，兩元素之間沒有強烈關聯性。其據點數量與其說和空間解讀能力有關，也許和開放空間中開展的人際關係作爲對應的這一面更爲密切吧。

這是透過面對面訪談方式得知的傾向，因此學生對學校的評價也會產生影響。A、B校學生大部分使用各別的空間，整體對學校是高評價的。但這兩校還是存在少數低評價且有各自不同的狀況與傾向。A校的低評價來自於不適應教科課程的學生，B校則來自回答「朋友較少」與人際問題相關的學生，特別是後者，無法適應在自由自在的開放空間中以團體方式進行午餐似乎是主要原因。

為何圖解沒有作用呢？──

A校細心地區分機能且構成空間，最後產生男女使用分區的現象和一開始設計時的預期不同。各空間分配的機能是根據教科課程（教科教室型的運作）作統合，但現實中也有對這樣課程（program）適應不良的學生。這種對於課程的反感，讓他們給予學校低評價，顯現出占用HB細分之小空間的行爲，在空間使用的層次（layer）

上呈現反抗的狀態。

而B校是以類似緩衝的空間（FLA等）連結了各房間／機能，因爲無論在空間上或在機能上都是連續性的空間關係，無法像A校那樣確認使用分區的現象。對這樣開放連續空間的不適應，反倒是來自在這些空間中各自展開的午餐小團體。以上對學校的低評價問題來源是不同的。

在依據圖解而提出設計的建築裡，program是能讓圖解發生作用的必要存在，但圖解的新形態導致產生了更多要求，讓program變得更強烈的狀況，因此出現了這些無法適應強烈設定的學生，他們占據了空間，讓整體空間變調而產生負面回饋。

另一方面，以新通用空間（new universal space）爲據所的建築，是藉由習慣的力量及行爲設定（behavior setting）來統合全體，因此機能得以和緩地作用，表面上難以發現整合不佳的地方。但另外產生的問題是在通用空間裡存在著少數不適應自由展開活動的學生。伊藤俊介表示，乍看是和平的開放空間小學，但透過細膩的調查可以明瞭，這樣的空間讓學生的人際關係發生各種可能，實際上是殘酷的活動場域。似乎在B校的開放空間也有類似行爲展開。有點像叢林裡的動物形成各個族群互相牽制，無法適應的學生就會被排斥的樣子。如同第一章提到的柯比意「高貴野蠻人（noble savage）」的例子，開放式空間的可能性是強烈依存於空間使用者的志向及能力上。

當然，儘管有少數不適應的學生，大多數學生仍都愉快地使用這樣新型的空間，整體而言，A、B兩校的新試驗是成功的。普通校舍中被擠壓在狹窄教室與走廊的學生們，存在某種放棄將校舍作爲生活場所的感覺，因此這些討論絕不是意味著只要蓋普通的學校就好。如第一章所述，若誇張一點的說，普通學校的學生若沒有對空間投入互動的可能性，這樣的環境實則更爲殘酷。

然而，這個機能的分化可能會產生預期外的分類結果且具脆弱性的這個事實，也顯示了建築計畫在使用圖解手法上的極限。雖然明確的圖解有助於細心地構成空間，但人是不會如計畫者所想般自由自在地行動。這件事讓我想起建築評論家諾伯舒茲（Norberg Schulz）的警句：「規定機能是爲了決定機能產生的形式，而機能主義卻讓機能更孤立……（中略）……機能主義的建築很容易退化，機械式地排列成七零八落的碎片。」

第七章

良好的空間可以將人與人連結，作為社群的基礎

邁向社群（community）：起居連接形式（living access）的反思—

我們已經看見利用空間的力量來自由地操作人的行爲是困難的。空間和人互相影響且只有微弱的協調力，表面上直接對人的行爲產生有效作用的是 program，如課程表或校規等。因此，當使用者感到和機能間不協調時容易反感，他們的反感通常會顯現於占用空間成爲地盤等方面。而這也是勒費弗爾稱爲「空間的實踐」的一個面相，但這並不代表細心地創作空間是沒有價值的。在第二章的論述中，空間的存在和人的生活／生存有密切關聯，建築應該存在極大可能性。第五章提及的封閉最小單元（cell）型住宅，讓依此型式大量繁殖的集合住宅產生很多問題，本章將試圖探求可以避免這樣負面結果的方向。

說明實例之前，先從相關研究的成果開始探討。前面已提過關於住宅內外連續性的重要，實際上在研究領域中也已有多樣試驗。小林秀樹在鈴木成文的指導下學習建築計畫，在他的統整研究中，顯示了植栽或生活用品等滲透到外部空間越多的環境會讓居住者增加安心感。古賀、橘等研究者透過研究，明白了依據居住行爲讓空間領域化的實際面，及其複合式性質的部分。其他還有隱私、鄰居、福利服務等各種

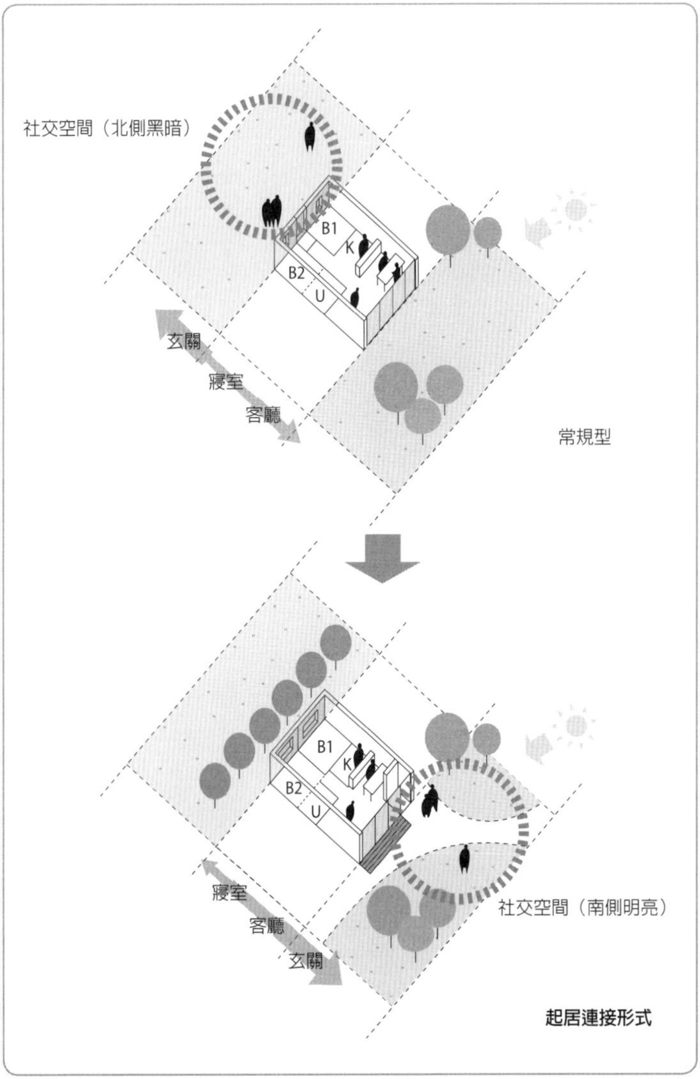

圖 7-1　起居連接形式（Living access）的概念圖

從入口開始探討居住生活的結構研究。

依據這些既有研究，可以了解到對外部的滲透是重要的因素，而支撐內外的界面與居住空間內部的空間秩序間有很深的關係。另一方面，在這樣封閉性傾向較高的住戶單元裡發生孤獨死等問題，是急需被改善的。爲了解決這些問題而發展出起居連接形式（living access）的方法（以下簡稱ＬＡ）（圖７-１）。實際上ＬＡ的玄關被配置在起居室側邊，而讓居住空間面對社區的社交空間開放的手法，是將原本採用於獨棟住宅中的南側出入口的空間連接方法重整，應用在集合住宅的。

日本眞正採用此型式的最早案例是１９７８年的「公團葛西」（現稱：「葛西 clean town」）（圖７-２）。這是一個讓玄關擁有些微高低差，保持起居室朝向南方，又同時保有隱私的良好計畫。然而它很難滿足現今已普遍的無障礙要求，成本也相對較高等，因此並未廣泛普及。

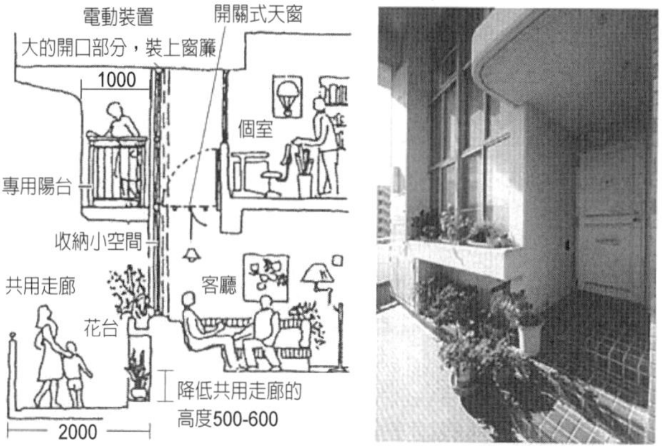

剖面圖　　住戶前的緩衝帶

設計：住宅，都市整備公團東京分公司、構造計畫研究室
樓層：8層樓　戶數：32戶　完工：1993年

圖 7-2　葛西 clean town

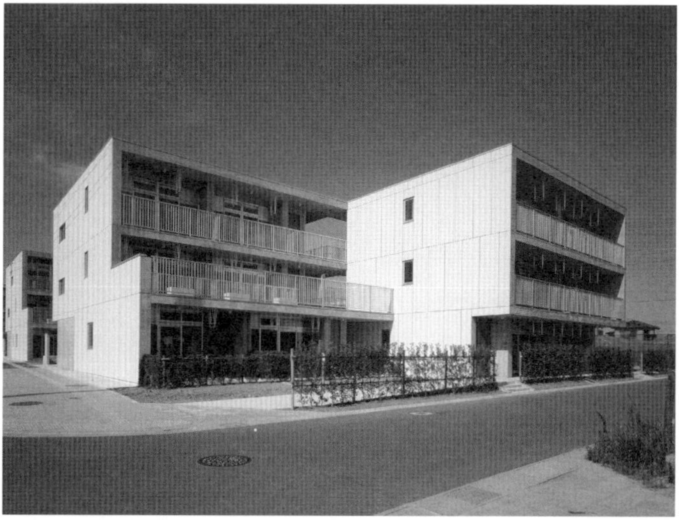

圖 7-3　S 市營 A 住宅外觀

S市營A住宅

考慮此種情況下，2003年完成的S市營A住宅是由S市公營住宅課與建築師阿部仁史合作，它和傳統型幾乎相同面積且活用了LA概念，是各戶確實獨立但生活上卻不孤立的集合住宅設計（圖7-3、7-4）。

此社區是由50戶組成三層樓南北並列的樓梯間型住屋，創造了讓大部分住戶直接連接中庭並共有露台的型式，在南面擁有共用空間，兩通廊貫穿連接各住戶，各層的樓梯間以南北向連接，從廊道可以直通各戶起居室。剖面形狀是越高層樓越往北側退縮，並利用中央單元的一樓作爲停車場。全體約六成住戶是從南北軸線的貫通通路進出的LA型式，除了住宅的橫邊寬度變得較寬之外，也盡力減少起居室的隔間，使其空間得以自由使用。以下將基於筆者對此住宅居民在搬入前後生活變化的研究，思考環境與生活之間的關係。

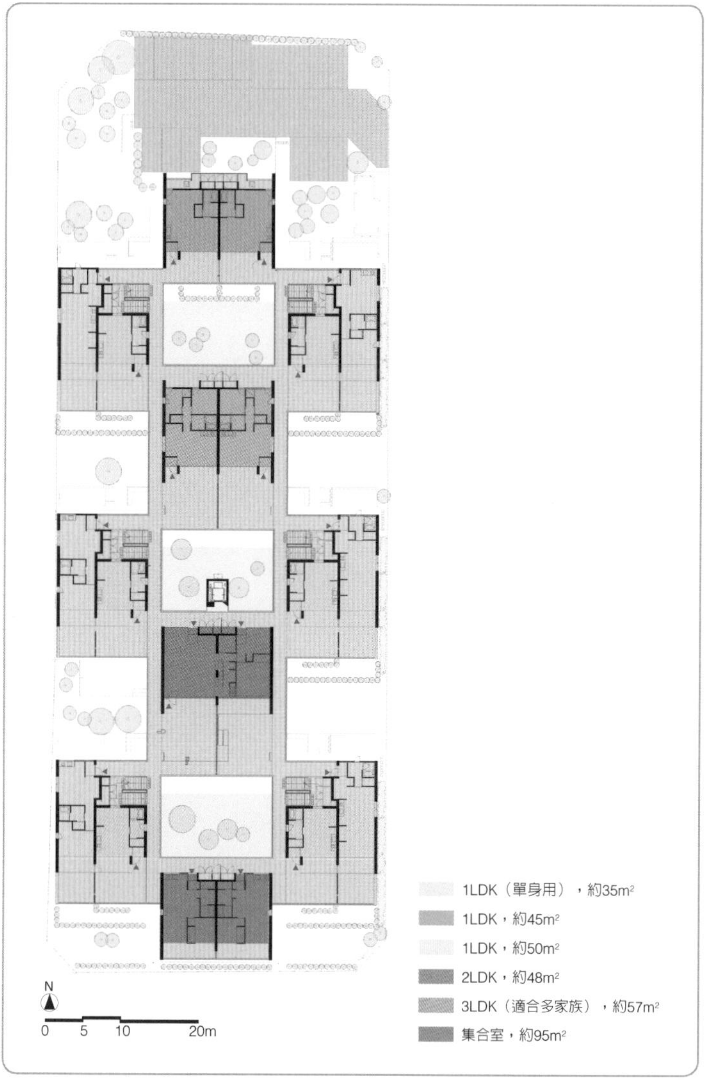

圖 7-4　S 市營 A 住宅平面圖

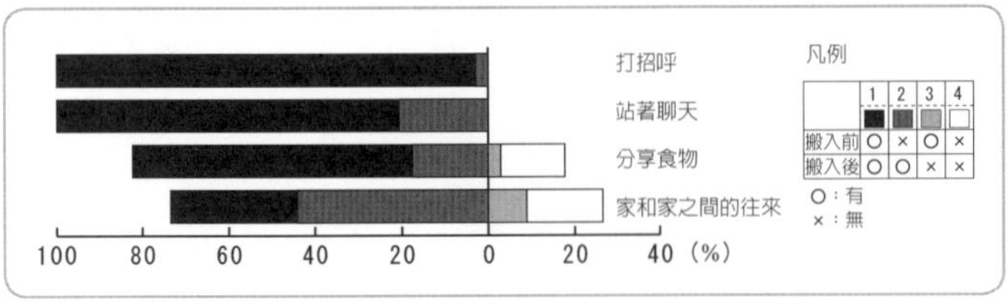

圖 7-5　S 市營 A 住宅裡居民之間互動的變化

交流的增加

爲了了解住戶搬入後對於社區的影響，首先來看居民之間互動的變化（圖7-5）。進住此住宅後，家和家之間的往來更爲頻繁外，站著聊天分享食物的習慣增加了約20%，以居民間的互動整體來看是增加的。

這樣的變化模式大約可分爲六種類型（圖7-6）：

(1)—活躍交流持續型：搬入前後和鄰居的交流都屬活躍的類型。

(2)—活躍交流變化小型：原本在搬入前和鄰居的往來已相當活躍，搬入後更增加的類型。

(3)—活躍交流變化大型：搬入前沒有那麼活躍的交流，但是搬入之後開始跟鄰居互動的類型。

(4)—偶限性交流變化大型：搬入後開始偶爾會和鄰居站著聊天或分享食物的類型。

居民間的互動相處之類型	戶口人數	家族構成	性別	Access 連接方式	搬入前的住宅	居民之間互動的變化			
						打招呼	站著聊天	分享食物	家和家之間的往來
○ 1. 活躍交流持續型	4	夫妻 + 小孩	女	LA	獨棟	1	1	1	1
	4	夫妻 + 小孩	女	LA	民營	1	1	1	1
	1	獨居	女	LA	公營	1	1	1	1
	2	夫妻	男	BA	公營	1	1	1	1
	2	夫妻	女	BA	公營	1	1	1	1
	2	母子	女	BA	公營	1	1	1	1
	1	獨居	男	LA	獨棟	1	1	1	1
	1	獨居	男	LA	民營	1	1	1	1
● 2. 活躍交流變化小型	4	夫妻 + 小孩	女	LA	獨棟	1	1	1	2
	3	夫妻 + 小孩	女	BA	民營	1	1	1	2
	3	夫妻 + 小孩	女	BA	民營	1	1	1	2
	3	母子	女	LA	民營	1	1	1	2
	2	母子	女	BA	公營	1	1	1	2
	2	夫妻	女	BA	公營	1	1	1	2
	1	獨居	女	LA	公營	1	1	1	2
	1	獨居	女	LA	公營	1	1	1	2
◎ 3. 活躍交流變化大型	1	獨居	女	LA	獨棟	1	2	2	2
	2	夫妻	男	LA	民營	1	2	2	2
	2	夫妻	男	LA	獨棟	1	2	2	2
	1	獨居	女	LA	民營	1	2	2	2
	2	夫妻 + 小孩	女	BA	民營	1	2	4	2
	2	夫妻	男	BA	獨棟	1	1	2	2
	2	母子	女	BA	民營	1	1	4	2
▲ 4. 侷限性交流變化大型	3	夫妻 + 小孩	女	BA	民營	2	2	4	4
	2	夫妻	男	BA	獨棟	1	2	4	4
	1	獨居	女	LA	公營	1	1	2	4
△ 5. 侷限性交流無變化型	1	獨居	男	LA	公營	1	1	4	4
	3	夫妻 + 小孩	女	LA	公營	1	1	1	4
	2	父子	男	LA	公營	1	1	1	4
× 6. 活躍交流取消型	3	夫妻 + 小孩	女	LA	民營	1	1	1	3
	2	夫妻 + 小孩	男	BA	民營	1	1	1	3
	1	獨居	女	LA	民營	1	1	3	3

凡例

【Access 連接方式】LA：起居連接形式（living access）／ BA：北側進入（back access）

【搬入前的住宅】民營：民營公寓大廈 / 公營：公營住宅 / 獨棟：獨棟住宅

【居民之間互動的變化】

1：○○（搬入前後都有和鄰居交流）

2：×○（搬入後開始有和鄰居交流）

3：○×（搬入後沒有和鄰居交流）

4：××（搬入前後都沒有和鄰居交流）

圖 7-6 S 市營 A 住宅裡居民之間互動變化的類型

(5)—侷限性交流無變化型：搬入前家與家的往來頻率少，而搬入後沒有新變化的類型。

(6)—活躍交流取消型：搬入後停止家與家之間往來的類型。

我們來看各類型的特徵：(1)是S市率先開始讓父母與孩子的各自兩個家庭優先進住同一個社區的「雙世代入住家庭」，或是原先在公營住宅中彼此感情就很好的群組；(2)從民營集合住宅轉入的育兒族群，以及來自其他公營住宅，但因工作坊（workshop）而與其他住戶有較深交流的居民；(3)是從民營集合住宅等移入，被這個活潑社區推動的族群。以上(1)~(3)屬於和鄰居互動增加的家庭達到全體的71．8%。(5)多爲全家從公營住宅遷入，生活上不想有變化的高齡者家庭，(6)是從原本的社區被拆離搬入，而對積極參與新社區有所猶豫的族群，此兩種類型中皆是原住在私人租屋的遷入者。

而在此社區內主要有兩個族群帶動交流（communication），一爲有小學以下兒童的家庭群組，二是有擔任住民委員會幹部或主任委員等的高齡者家庭群組，使兩者有所交集的是前面提到的雙世代入住家庭。

隱私的調整

那麼被認爲ＬＡ型式存在的問題——隱私的部分，是如何考量的呢？此集合住宅關於隱私程度的空間調整，可分類爲四種類型（圖7-7）。

Ⅰ型（11．8％）是將盆栽櫃和簾子等作爲干涉物，設置於起居室與戶外交接的空間中，這情形只出現在一樓住戶。過去在陽台孤獨地做著只是興趣的園藝或盆栽工作，搬到這裡後生活的方向改變了，這些興趣變成觸發鄰居間互動的機會，意義產生了很大改變。積極使用外部空間的此類型中皆爲男性，應與他們的空間操作能力較佳有關。

Ⅱ型（29．4％）是使用窗簾等控制住戶的內外界面，可謂是最具防禦性的家庭。約占整體三分之一，僅次於比例最高的Ⅲ型。以ＬＡ住戶來看，多爲面向中庭的年輕小家庭及女性獨居家庭，因此是對社區有距離感或對視線敏感的女性爲中心構成的群組。

Ⅲ型（47．1％）是利用住家裡的家具擺設來調整隱私的類型，約占半數。積極與鄰居互動者的比例也較高。

Ⅳ型（11．8％）是以調整生活方式作爲對應，沒有特別使用家具或窗簾的家庭，從外面看他們是開放式的居住方式。

最具防禦性的Ⅱ型家庭和鄰居的往來程度雖有侷限，但他們的想法是「自己對交際雖消極，但大家感情好是好事」，在共鳴與非共鳴之間擺盪。實際社區活動中，此群組會參與樓梯間的打掃等，視情況選擇性參與社區。

這樣的界面調整是對應隱私的選擇之一，回應了像是：不想被看見但又擔心孤獨死，讓小孩在外面玩耍很好，但是廚房會被看透……等搖擺的心理狀態。由此可見，隱私的操作不只關係到自己是否暴露在他人視線之下，或看到他人的單純議題，對社區的評價或是在各自場所中的日常生活組成，都會相互纏繞並影響到隱私的操作。

視線的調整方法	居民間的互動相處之類型	視線的感受意識	連接方式	鄰接空間	搬入之前	家族構成	性別	戶口人數
I. 緩衝領域構築型 	○	×	LA	通道	走廊	獨身	男	1
	△	×	LA	陽台	公營	父子	男	2
II. 開口部調整型 	▲	◎	LA	陽台	公營	獨身	女	1
	△	◎	LA	庭院	公營	夫妻＋(子)	女	3
	×	○	LA	庭院	走廊	夫妻＋子	女	3
	×	△	LA	陽台	走廊	獨身	女	1
	●	×	LA		公營	獨身	女	1
III. 內部環境調整型 III-1. 可動邊界中央型 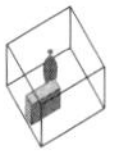	○	×	LA		公營	獨身	女	1
	◎	×	BA	外部空間	公營	夫妻	女	2
	○	×	BA		公營	母(子)	女	2
III. 內部環境調整型 III-2. 固定邊界中央型 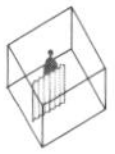	○	◎	LA	庭院	樓梯	夫妻＋子	女	4
	○	×	LA	外部空間	獨棟	獨身	男	1
	×	×	BA	陽台	走廊	夫妻＋子	女	3
	◎	×	BA	外部空間	走廊	母子	女	2
	●	×	LA	外部空間	獨棟	夫妻	男	2
IV. 生活對應型 	◎	×	LA	外部空間	走廊	夫妻	男	2
	◎	×	LA	通道	獨棟	夫妻＋子	女	4

凡例

【居民間的互動相處之類型】○：活躍交流持續型／●：活躍交流變化小型／◎：活躍交流變化大型／▲：限定交流變化大型／△：限定交流無變化型／×：活躍交流取消型

【視線的感受意識】◎：會在意／○：偶爾在意／△：不太會在意／×：不在意

【連接方式】LA：連接起居（living access）／BA：北側進入（back access）

【搬入前的住宅】走廊：北側走廊的集合住宅／樓梯：樓梯室型集合住宅／公營：樓梯室型集合住宅（公營）／獨棟：獨棟

【家族構成】__：親子近居戶／(子)：已經就業的孩子

圖 7-7 S 市營 A 住宅，隱私的調整及空間調整的類型（製作：北野央）

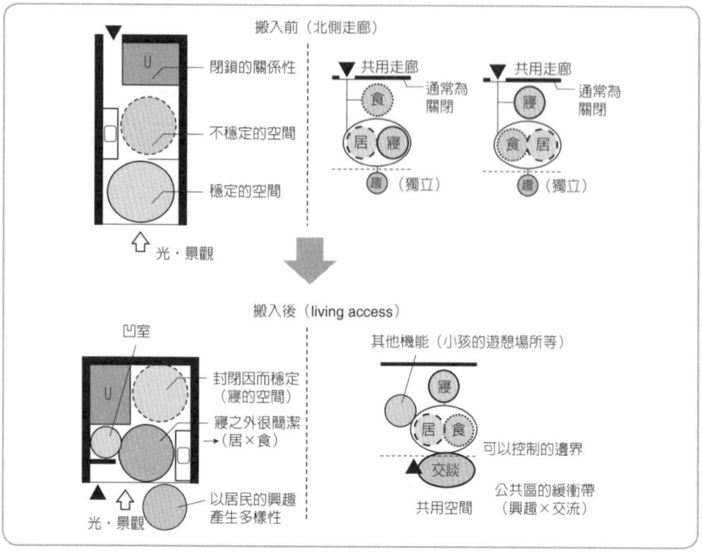

圖 7-8　市營 A 住宅 生活的變化

生活的品質還是會改變的——

圖7-8可看到搬家前的北向走廊住宅的構成是〈北……玄關↓寢室↓起居室……南〉，搬到LA住宅後是〈北……寢室↑起居室↑玄關……南〉。傳統住宅中的玄關半調子地被使用，接著空間就立刻連到不安定的寢室空間。而在LA住宅中，寢室是位於最裡面的安定空間，因此靠近玄關的「居」空間開始連動其他機能，生活內容產生了變化。

然而，日常生活是由強大習慣

性所驅動，大多即使改變了房間大小及出入口方向，也不會改變其基本生活設定。在此我們觀察用餐、就寢、休憩等基本生活行爲，以及電視與座位關係、家族成員座位位置等在搬家前後的變化。分類爲：完全不變的「維持」（40．0％），維持整體構成但生活行爲稍有變化的「調整」（26．7％），基本上生活行爲有變化的「變化」（33．3％）。其中「維持」仍占最高比例且傾向於高齡者。相對的，搬入住戶單元跨度較寬的家庭都是「變化」，表示住戶單元的跨度變化較直接地反應於生活形式上（life style）。回答「調整」的皆爲LA住戶，此明顯顯示LA住戶必須對連接社區的界面有所反應。

實際上「維持」、「調整」兩型相加超過六成，家族構成及居住空間構成若沒有太大變化，換新住所後的生活也不會有太大變化。但若考慮到回答「調整」的都是LA住戶，因此我想的確存在〈生活方向的變化→界面條件的變化→「調整」〉的機制。此外，培育盆栽等對內外界面的調整不只確保了隱私，也有製造交流契機的功能，如此即解決了丈夫在餐廳空間中寂寞地消滅食物及高齡妻子對外部保有連結的問題[6]，即是這個住宅改善了生活的例子。

6　譯註：在非LA的傳統集合住宅空間中，餐廳空間較獨立封閉，因而有了下班晚歸的丈夫一人孤獨用餐的情景。高齡妻子則是作者在調查時遇到的案例之一，原本活潑的女士卻在年事漸高、行動不便後，長時間獨自臥躺於床，失去與外部的連結。

隱私概念的反思

環境學者奧特曼（Altman）曾描述隱私擁有以下三個面向：

(1)—A Dynamic Dialectic Process：個體與共體之間辯證法的相互作用；

(2)—An Optimization Process：最優化的過程；

(3)—A Multi-mechanism Process：控制界面的過程。

引領這個社區的人表面上並不在意隱私，另一方面，獨居女性家庭等特別在意的是與(1)有關，Ⅱ型利用窗簾或家具調整界面的行爲是與(3)有關。因應各狀況作出反應的Ⅰ型或Ⅳ型的例子符合(2)而衍生出創造性的行爲。隱私不單是看／被看的單純關係，有了以上這些因應的操作，表示居住者已被啓動去參與環境全體。

訪談內容中「聽見小孩在玩耍的聲音是好事」、「我自己沒有參加，但我知道他們在活動室辦活動」等，透過各活動，居民可以察覺他者行動而有某種程度的考量，這樣的氛圍即是在社區整體上醞釀一種「覺知（awareness）」。依此來看，全體的「感情」、「意識」、「行爲」、「空間」等互有關聯，產生了多層次重疊的狀況（圖

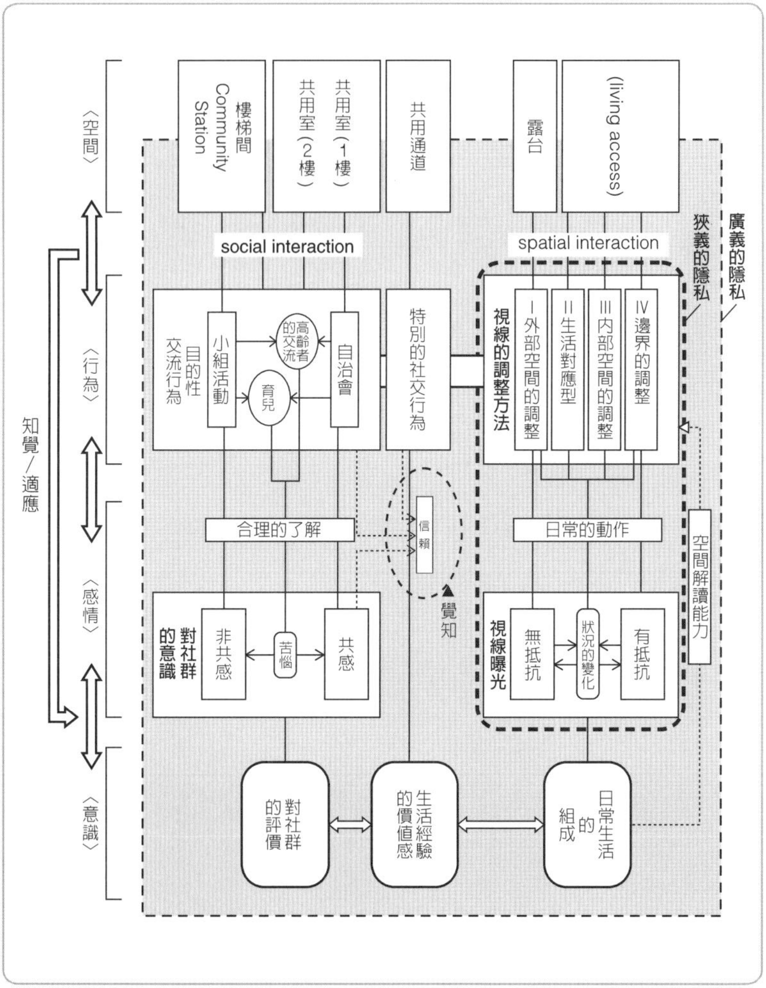

圖 7-9 S 市營 A 住宅 隱私的架構

7-9）。社會學者尼可拉斯．魯曼（Niklas Luhmann）曾敘述，「信賴」具有縮減社會關係複雜性的效果。在這裡發生的是借助「信賴」，環境本身可以接納／創造社會關係的狀態。良好的空間可能是讓這些形成人際關係的力量擁有滿滿發動機會的環境吧。

第八章

良好的空間背後存在著良好的運作及管理

行為・機能・空間，接著是營運—

至此所述，空間具有一個獨特性質，即須投入充滿活力的行爲才得以成立。爲了讓像這樣的行爲在實際建築中發生，最理想狀態是使用者們可以分享共有空間解讀的能力，同時營運方也必須讓空間保持在適當的狀態。活動系統（activity system）上讓使用者能流暢地跟隨機能（program），因機能和空間有同步關係，而行爲設定（behavior setting）的部分具細膩的特質，可以讓人適當地發生自發行爲，於是這空間需要被要求細心維護的，營運者的管理能力與其空間中的使用者行爲是一體兩面的狀態。營運者（manager）和建築師共有這個「空間」概念，這和他們的專業能力連結在一起，第三章也曾觸及此部分。這代表與建築師和營運者間的聯繫也是建築計畫者的工作。

原本理想的計畫體制是從一開始時即同時進行硬體構成和營運機制兩者的設計，但現今日本可以做這樣安排的機會並不多，原因爲：(1)兩者是在不同的專業理論下作用，(2)建築的檢討和營運的檢討有時間差，(3)這樣的機制具有幕後工作（shadow work）的潛藏特質，因爲不會浮上檯面被看見等種種障礙，故不容易被討論。因此

外觀

戶外平台

圖 8-1 仙台戲劇工房 10box

筆者在本章稍微脫離狹義的建築計畫者專業，以專案管理者角色參與的文化設施作爲實際運作的案例，進而思考營運及計畫之間的關係。

仙台戲劇工房 10box ——

介紹的第一個案例規模雖小，但此設施不斷地舉辦工作坊，擁有草根般的在地力量，因而組織了良好的運作。

基地位於仙台市區的東端卸町團地（社區）內，2002年6月開幕的新建部分共有600平方公尺，改建的部分不到400平方公尺，是獻給市民戲劇創作的空間（圖8-1）。基本設計由東北大學建築計畫研究室負責，設計者爲八重樫直人+Normnull office，由仙台市文化振興事業團經營。此案雖小，但在日本評價爲國內最成功的戲劇練習設施之一。它從早期構想時期即開始與預期使用的戲劇相關者、負責營運的民間協助者、長期支援戲劇創作的財團負責人，及市政府相關者一起踴躍地進行了多次溝通討論。也就是說，現在之所以獲得高評價是因爲其前瞻性的營

① 2001 年 1 月 30 日 第一次工作坊

「在這個場所能做什麼呢？——實際體驗 600 ㎡」

首先，從預算與規模推算，可建設的面積上限為 600 ㎡，並在實際基地上（當時是網球場）畫出 600 ㎡的範圍，讓參與者實際感受面積大小，以每個人各自的感受深切思考這個場所能做的事。

以現有設施為基準作比較，對於所希望的空間進行自由地討論。

② 2001 年 2 月 3 日 第二次工作坊

「一起思考排演空間的量」

在勤勞青少年中心體育館之中，實際畫出各個空間的大小範圍，一起檢討排演的各階段所需的空間寬度和高度。

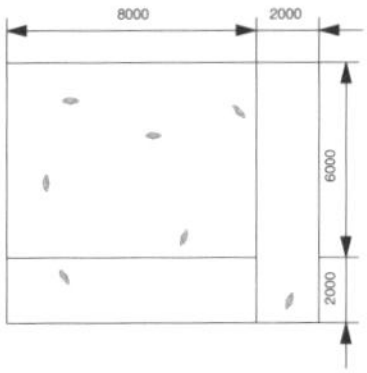

③ 2001 年 2 月 28 日 第三次工作坊

「一起檢討實際的工作空間」

依照上一次的作法，框出實際面積尺寸的範圍。並檢討在此發生的行為，以及行為的連接上是否有問題，實際放置工作所需之平台或道具，討論各個地方所需的大小，及其空間與外部的連接關係。

「思考大練習室的可能性」

討論原有設施內約 200m^2 大練習室的使用方式，往修改此空間的方向進行檢討。

④ 2001 年 3 月 15 日 第四次工作坊

「再一次檢視整體之架構」

再度在全體討論之中確認從①至③的工作坊，時大家所提出的意見和想法，重新檢視各空間到整體的計畫。確實地以實現高品質戲劇為目標，認真討論其優先順序。

圖 8-2　仙台戲劇工房 10box 計畫工作坊的流程

運方式，連動了使用者一起參與計畫的過程。

1 — 條件的確認

但整體來看，本案的出發點與一般情況不同，要點如下：

(1) — 廢棄設施的再利用：這個設施原爲廢棄的仙台市卸町勤勞青少年中心，在制度修改後[7]，開始檢討其建築物和基地活用的可能。因此它的最初設定並非新建案，而是變更現有設施的機能，財源比起新建案有很大的限制。

(2) — 以公共財產作爲戲劇供給據點：主要機能的設定是戲劇創作的據點，當時仙台市戲劇事業的經營已超過15年以上，他們希望由仙台發行的在地戲劇可以廣爲傳播到一定的程度，因此進行此設施計畫時已有許多演員、行政人員、市民（再加上研究者）的合作網絡，對戲劇創作有了高度意識。

換句話說，本案起點的目標很高但只有極低預算，爲了填滿這樣不合理狀況的落差，需要讓相關者創造性地持續參與其計畫過程。

2－營運的檢討

公共設施的使用者是不特定對象的衆人，但在低預算的狀況下只好縮小目標範圍，然而此案卻可以維持「創造高品質戲劇的據點」的高目標，是因爲前面所提及的，計畫時已存在自覺性地使用空間的人們，再加上有核心概念來進行事業，具有社會上的共識，以上都影響到本案目標。因此此計畫考慮到有限的時間，決定不使用傳統委員會方式，而是根據演員和相關者的工作坊及建築計畫研究室成員迅速的回饋，以實踐性方式進行（圖8－2）。如此這般，核心成員共有的此案任務爲：「優秀作品由此誕生，讓市民享受仙台製造的魅力戲劇」，經過嚴謹的討論，並和不同對象分別確認目標達成的可能性。

當然，爲了提升戲劇品質的目標，也必須理解戲劇具體是如何被創作的。幸運的是研究室對仙台市的文化創作活動及空間關係的持續調查，已累積了戲劇創作的相關知識（圖8－3）。應用這些知識整理了必要之設置條件：長期使用排練場的保障、適當規模的彩排空間、併設稱爲「shop」的工房、戲劇資料庫、事務局的積極營運等（圖8－4）。

7－譯註：此原爲鼓勵青少年活動的公營設施，後因民間設施興起而希望將其轉用成其他機能。

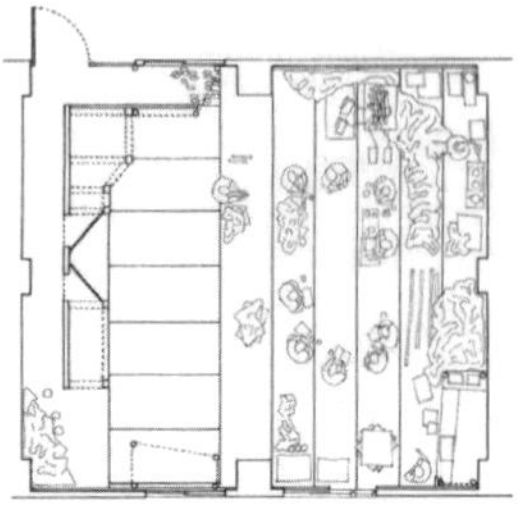

排演
從讀劇本開始，排演也慢慢地具體化。因此導演的位置相當的重要。而在實際表演的場所排練之優點是可以更容易掌握其空間感。

製作
整個空間變成工作室。這是決定戲劇品質的工程，因此非常重要。然而此工作空間需兼用於排練是困難的。

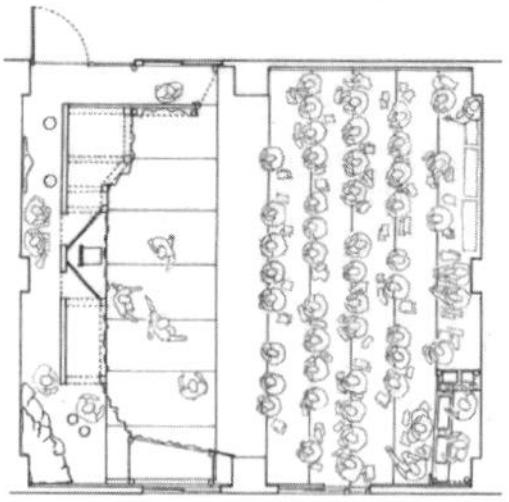

表演
不只需考量舞台周邊空間、觀衆席的餘裕及觀衆入場到進行表演的流程，還需確保照明與音響空間等，存在非常多空間議題。

慶祝
這是劇團人員們的活力泉源，也是和觀衆交流的珍貴場所。另外也是重要的評論空間。

圖 8-3　戲劇的製作現場範例

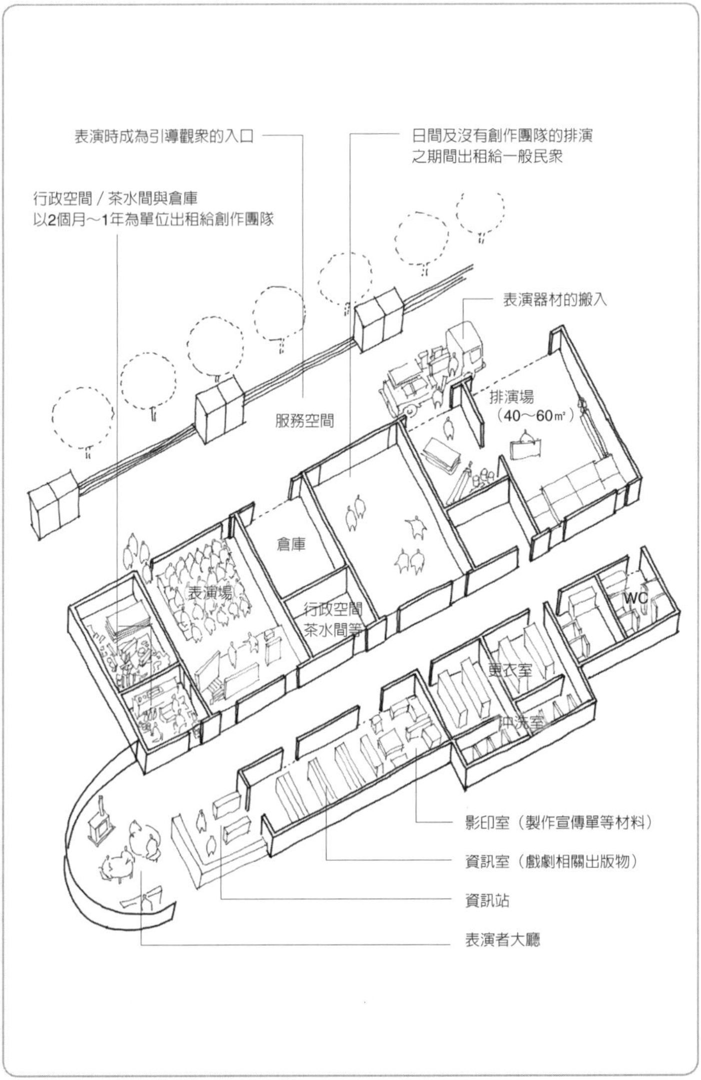
表演時成為引導觀衆的入口
日間及沒有創作團隊的排演
之期間出租給一般民衆
行政空間／茶水間與倉庫
以2個月～1年為單位出租給創作團隊
表演器材的搬入
排演場
（40～60㎡）
服務空間
倉庫
表演場
行政空間
茶水間等
WC
更衣室
沖洗室
影印室（製作宣傳單等材料）
資訊室（戲劇相關出版物）
資訊站
表演者大廳

圖 8-4　戲劇創造之設施範例

3－各機能的整理

整備了可以對應排練各階段的不同練習室，並依據以往調查所累積的空間尺寸數據，計算各練習室的必要高度、基本長短邊的長度，並且重複進行演員和實際尺寸設定的空間實驗。對於空間的營運管理，參考了當時已24小時開放並運作良好的金澤藝術創造館，蒐集其資料來調整此案的必要項目。因爲希望將以前不會設置在一起的製作工房也正式納入此排練空間，於是透過聽取劇團的意見等並加以整理，從了解設備開始設想其營運方式。因此，本案依據具體的戲劇創作事例，讓設計者、預定營運者以及相關者之間，可事先詳細調整各設施的機能。

這樣細膩的過程之中，如何克服前面所提的矛盾（低預算高目標）呢？換句話說，須理解理想與現實之間的具體距離，並了解聯繫兩者的方法是無法使用一般方式來解決的。此棟建築雖爲公共設施，但取消了走廊且早期沒有裝設空調設備，這是它可以在這樣的激進架構下實現的原因。

另一方面，因爲走廊的刪除而擔心失去設施的重要機能之一——劇團間的交流機會，在經過充足考量後，決定在空間中央設置戶外廣場，可日常性地喚起場所裡自

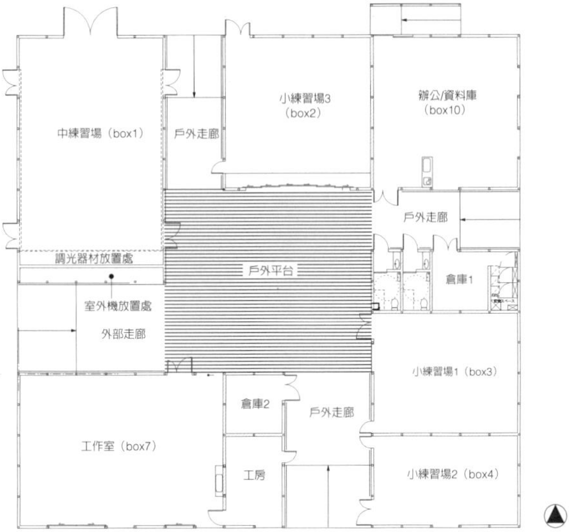

圖 8-5 仙台戲劇工房 10box 平面圖

然聚集的交流行爲。這個廣場平台是以木材鋪設（圖8-5），實際上這個決定在前面提及的嚴峻預算內有執行上的困難，最後只好將空調的設置時程往後延，開放後的第一個夏天確實讓使用者難耐。然而開放之後人們對平台的評價是正面的，至今也常舉辦如慶功宴及交流會等活動，活躍地利用著。

4－2 營運系統

以營運檢討的清單作爲基準，市政府相關負責部門的文化振興課和財政課不屈不撓地進行調整並製作大綱。具體上確認了以下方向：此設施定位爲約200席可長期使用的排練場，且決定僱用營運工作人員，希望改善過去缺乏支援的兩種製作〔製作（事務處），製作（工房）〕。進行設計檢討時，設計方將使用者及預定營運者一同拉入討論；在檢討營運時，將設計方拉入，此形式實現了雙向的合作關係。委託在地戲劇工作者聯合組織的方式開始營運；接著，爲了讓此模式可以維持概念地持續運作，再加上了市文化振興事業團的支持至今。

東北大學百週年紀念萩會館

前述若有如草根的事業開展是相當理想的，但一般的計畫運作是直接施行高層指定的管理方式。本節將以大學紀念建築事業實際營運的計畫爲例，探討關於前置營運規劃的意義。

1－任務的確認

日本東北大學爲了慶祝２００７年的百週年生日，希望進行紀念建築物的整修計畫。選定改建的是因老朽化而減少使用頻率的東北大學50週年紀念會館「東北大學

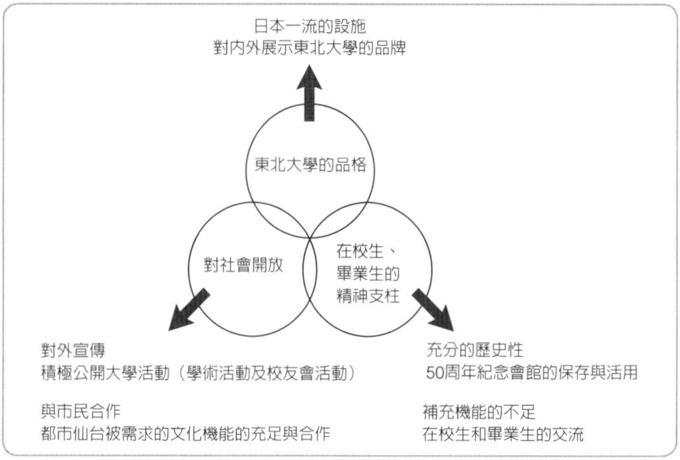

圖 8-6　計畫任務

川內紀念講堂暨松下會館」（1996年完工），筆者在此階段以專家身分被召集參與此案。

參與此案後，以計畫者的身分進行事業任務的整理，並訪談相關者，總結計畫要點爲三點（圖8-6）：「呈現東北大學的品格」、「作爲校友會的據點」、「對市民開放的設施」，這是在計畫一開始就設定目標的方式，接下來的第9章也會對此方式加以詳述。

2－前提條件（法規限制）的整理

對於現有建築的改建上，首先面臨的問題是需根據既有法規進行調整。在此特別重要的是三種相關法規：建築基準法、文化財保護法，與興行場法[8]。依據建築基準法，只要是增加樓地板面積，整棟建築皆須符合已經過修改之現行法規的要求，爲了避免此事，此建物須在原有樓地板面積範圍內將會館內容替換成現代需求。又因爲基地是一等級埋藏文化財的包藏地[9]，若採用另外增建的方式會需要召開文化財保護法的相關協商會議，作業時間會有過長的風險，因此不予考慮。相對地，校舍的用途變更合乎大學在行政法人化後企圖積極發展的目標；而興行場法相當適用於這樣可擁有彈性因應的狀況。特別是在興行場法的規定中，若要租借給校外團體，原本「大學講堂」的空間用途有諸多限制，因此必須將本設施變更爲「興行場法符合之設施」，讓營運的可能性更寬廣，這在經過與市政府的嚴謹協議後得到許可。當然，表演內容的企劃需控管爲適合在大學公共性場所演出，在這些附帶條件下因而擁有了自由租借給校內外的可能性。預想中若以這種方式進行，可回收營運所需部分經費，市民活動及大學活動也可共存。

3 — 概念的整理

檢視這些法規運用的同時，也針對改建爲博物館、會議廳、劇場或演奏會館進行機能檢討。這些作業被要求需符合改修耐震的概算標準，但在數個月後公告耐震改修的作業內容之前，須先決定它與機能相關之大綱，這個過程像是被追殺一般，非常緊迫。首先，在詳查前述之前提條件後明瞭了增加樓地板面積及另外增建的困難性，以及這些機能與現有建築結構體的相合度，因此決定了它的機能不是一開始討論的博物館，而是維持展演廳（hall）的機能。再加上展演廳也有分集會、劇場、演奏會館的多樣選擇，經過仙台及東京的市場分析，選定演奏會館的展演廳爲目標，它符合任務之一的「呈現大學品格」，且租賃市場成熟。並且，以改建技術來看，老舊舞台整體翻新會對既有結構體造成很大負擔，但若在結構可承受範圍內新設／更新設備將需龐大成本，然而現況舞台周圍空間極度狹窄，於是我們大膽拋棄舞台邊框，讓舞台可以更寬廣，因此附有會議機能的演奏廳會較具合理性（圖8-7、8-8）。

另一方面，殘響時間長的演奏廳及需要明晰音場條件的會議廳，兩者在規格需求上有很大的差距。如果沒有具體技術性策略去填補鴻溝，這個企劃將只是畫餅而已。很幸運地，東北大學的鈴木陽一教授是音響學的權威，他的參與確保了讓這兩者共存的技術。

8　譯註：娛樂場法，關於電影、演藝、音樂、運動場所的法規。
9　譯註：考古遺址保護地。

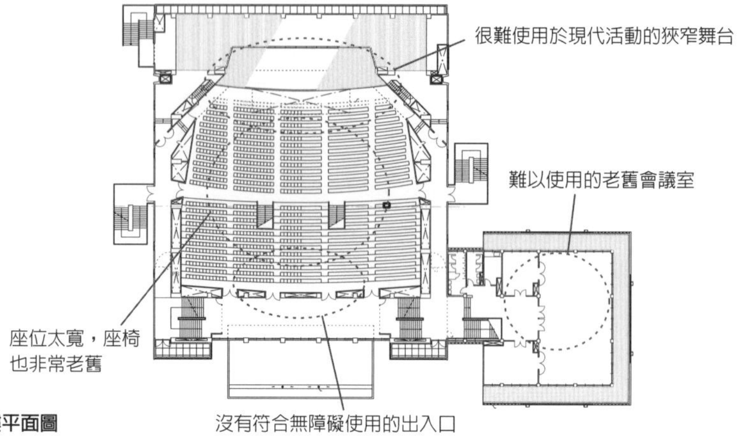

2樓平面圖

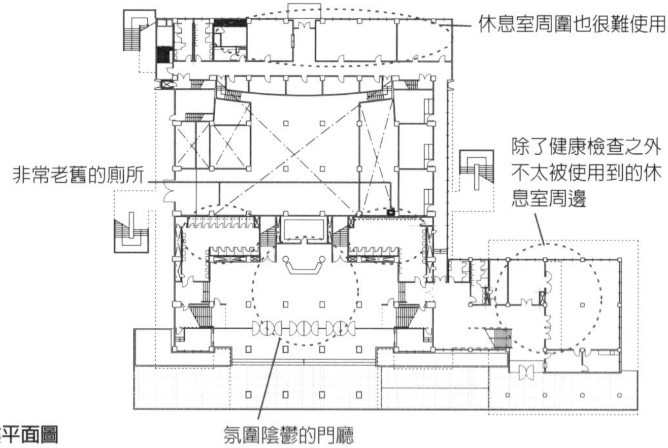

1樓平面圖

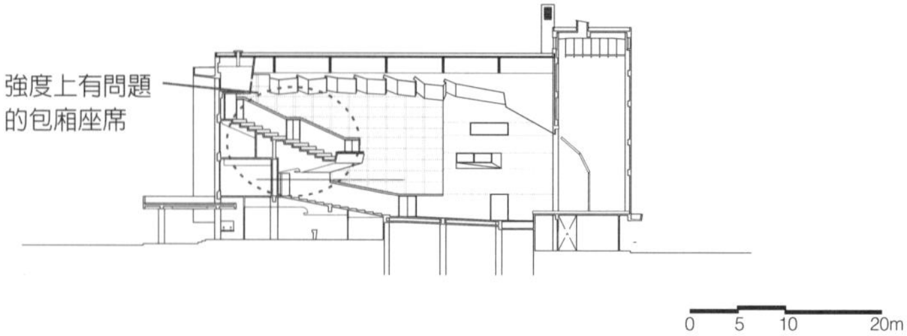

剖面圖

圖 8-7　東北大學百周年紀念萩會館（改建前）

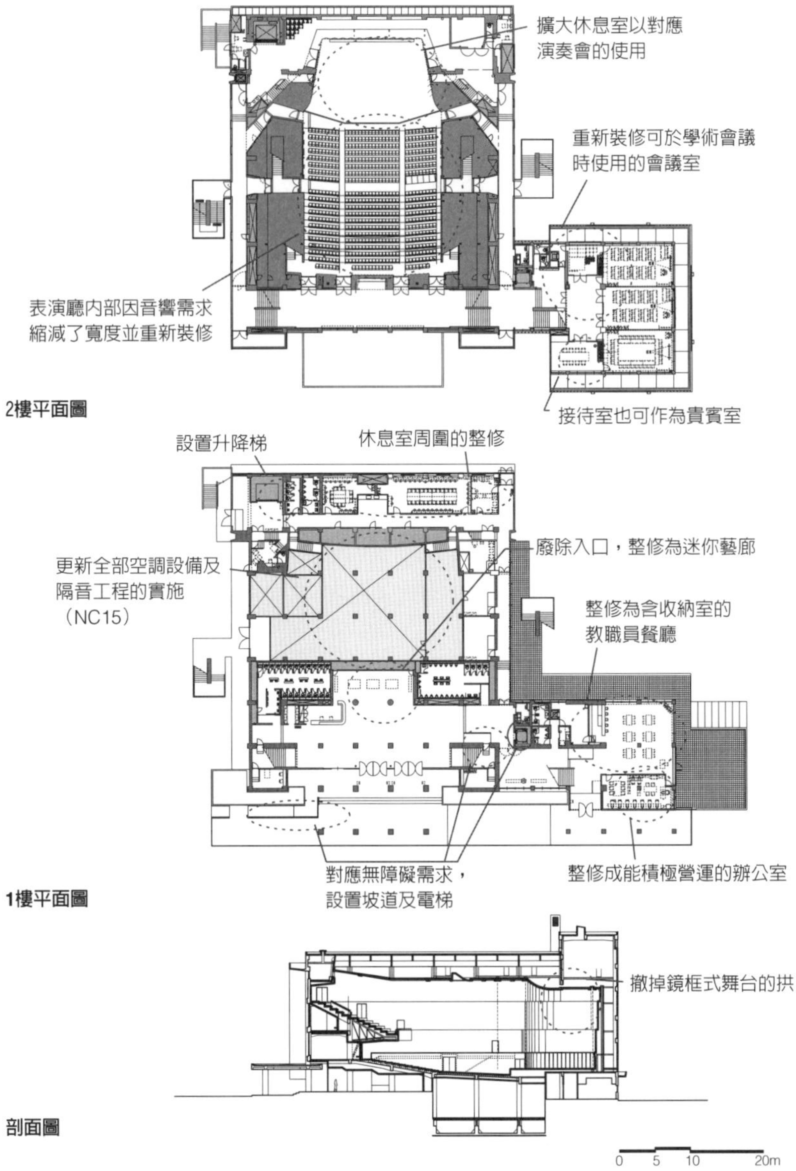
擴大休息室以對應
演奏會的使用
重新裝修可於學術會議
時使用的會議室
表演廳內部因音響需求
縮減了寬度並重新裝修
2樓平面圖
接待室也可作為貴賓室
設置升降梯
休息室周圍的整修
廢除入口，整修為迷你藝廊
更新全部空調設備及
隔音工程的實施
（NC15）
整修為含收納室的
教職員餐廳
對應無障礙需求，
設置坡道及電梯
整修成能積極營運的辦公室
1樓平面圖
撤掉鏡框式舞台的拱
剖面圖
0 5 10 20m

圖 8-8 東北大學百周年紀念萩會館（改建後）

4－改建的專案管理

這棟建築物是由大學負責進行營運的設施，但是百週年關係事業的發包是由財團法人東北大學研究教育振興財團（當時）負責，此財團法人支援了東北大學的研究及教育活動，採取建設後再捐贈給大學的方式。爲了讓本案在嚴峻預算中達成，財團法人內設立的建設委員會成員展開了向企業募集資材的企劃以作爲支援；同時，設計團隊在被逼迫的狀態下持續審查ＶＥ（Value Engineering）的可能性。最終，本事業才得以打破成本的常規，以高達５０００平方公尺的總面積及作爲大學象徵設施的高級要求下實現。此案是在財團法人建設委員會、我們的設計團隊（阿部仁史、小野田泰明、阿部仁史工作室、三菱地所）及大學設施部、負責建設的清水、大林、鹿島、大成、竹中工務店的共同企業體，以及其他相關者抱持著緊張感的狀態下團結的結果。

5－經營運作

(1)精細地進行模擬（圖８－９）

爲了了解運作體制，事前模擬實際營運狀況也是此案的特徵之一。首先檢討學校行事曆、自主事業、租借等預定利用的程度，目標是模擬此展演廳３６５天的使用狀況。接著確認戰略如下：

①系列化活動的魅力（迎新月、社團成果發表月等命名及集中推廣宣傳）

②專業樂團及現有活動的價值提升（爲了吸引優良古典樂公演的營利活動）

③孕育大學個性的自主企劃（演講和演奏會的組合，密集座談會等）

(2)租賃收入的預估（圖8-10）

接下來是檢討這些租賃收入程度的可能性。這是在用途變更爲興行場（娛樂場）後有機會實現的部分。

(3)讓營運得以實行的體制及營運成本（圖8-11）

並且，必須推進到實際執行之營運體制的檢討。當時日本的殘酷狀況是在獨立行政法人國立大學之中，積極發展自主事業及外部利用事業只擁有奏樂堂的東京藝術大學，但在經過與相關者及大學高層的認真協議後，確保了安排工作人員的必要性。而且特別邀請了具豐富經驗的前市政府員工志賀野桂一擔任特任教授，他長年參與仙台市文化行政及財團法人仙台市文化振興事業團的先驅事業，是從專業的立場參與營運的部分。

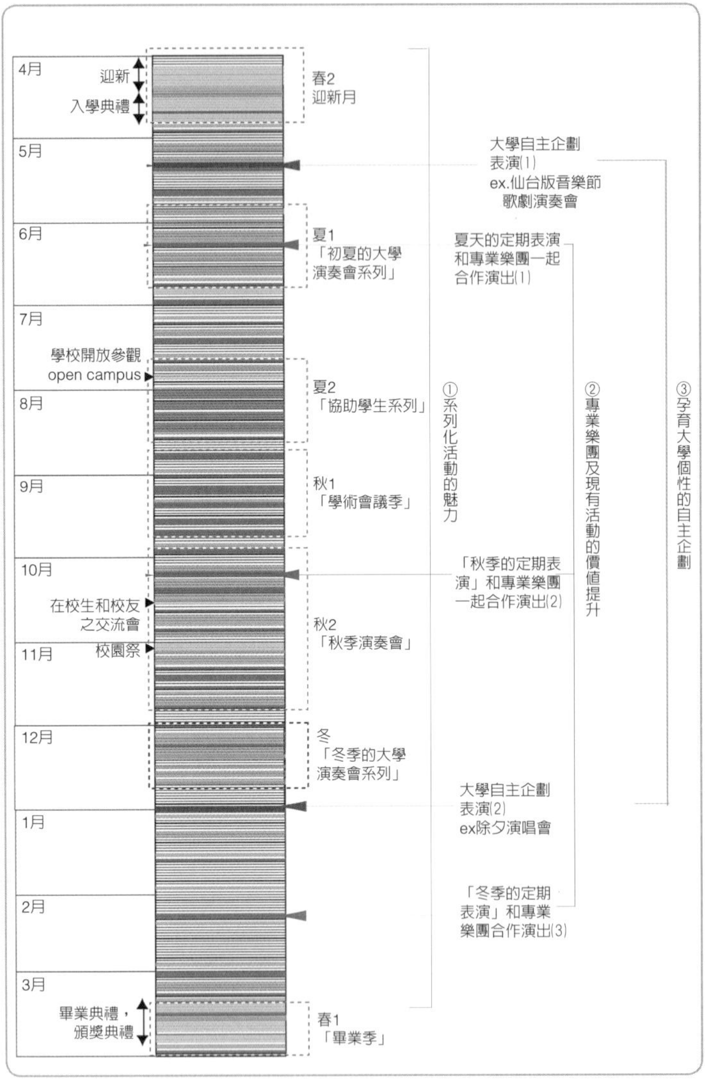

圖 8-9　東北大學百周年紀念萩會館預定行事曆

	現況	預計
校内團隊的練習和表演	設施費減免（0）＋附帶費（約 5 萬）＝計 5 萬	設施費減免（0）＋附帶設備費（約 5 萬）＋空調（3 萬）=8 萬
校外使用者的表演	設施費（約 3 萬）＋附帶費（約 15 萬）＝計 18 萬	設施使用費（25 萬）＋附帶設備費（15 萬）＋空調其他（3 萬）=43 萬 * 以仙台市内同等級表演廳 1 日（假日全日）之使用費及附帶設備費作為預估。
學術會議，國際會議		設施使用費（8 萬）＋附帶設備費（12 萬）＋空調其他（3 萬）=23 萬

參考：K 會館（設施使用費 38 萬＋附帶設備費約 20 萬）
S 會館（設施使用費 34 萬＋附帶設備費約 18 萬）
SB 會館（設施使用費 20 萬＋附帶設備費約 15 萬）

	預計使用日數	預計使用費收入
校内使用（及設施自主企畫）	8 件（32 天）	
校内團體的練習等（及表演）	16 件（60 天（演出 9 天））	8 萬 x60 天
校外使用者的表演	25 件（30 天（演出 25 天））	43 萬 x27.5 天
國小、國中、高中的練習支援（空調費）	4 件（12 天）	3 萬 x12 天
學術會議，國際會議	10 件（20 天）	23 萬 x20 天
定期檢查	25 天	
	計 167 天	

圖 8-10　東北大學百周年紀念萩會館預定收入（日元）

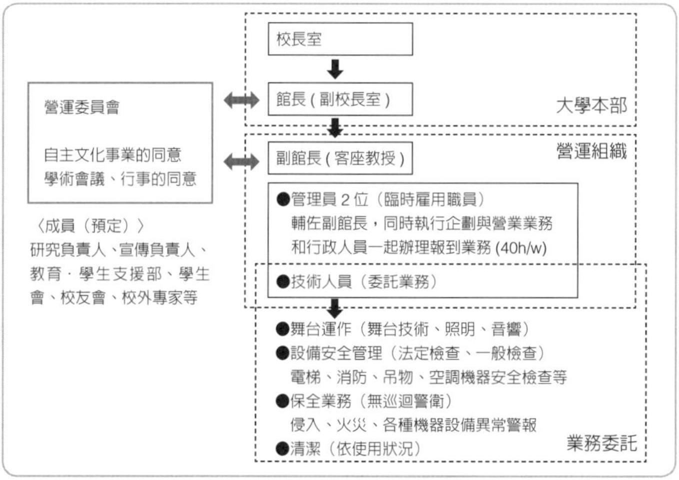

圖 8-11　東北大學百周年紀念萩會館預定營運體制圖

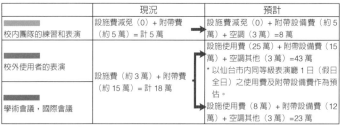

室內

外觀

圖 8-12 東北大學百周年紀念萩會館

⑷讓經營得以成功的「支援者」

這些經營的調整是在建築計畫的框架之外，實際上，大學的紀念建築物關係到各種利害相關者，在大家各種不同意見下的作業環境相當艱難。之所以在這樣曲折情況下仍能執行的很大原因是，有「支援者」的存在。特別是財團法人方面的仁田新一理事、大學方面的大西仁副校長（兩位都是當時擔任者）對設計團隊的信任與強烈支持。他們在一個什麼都還看不見的階段中讀取計畫的可能性，大步跨入並支持著建築設計直到營運作業，若沒有他們的遠見，本企劃是不可能實現的。

6－實際的營運

這棟建築的華麗開幕會結合了日本傳統的能劇表演及演奏會，在2008年10月10日正式開幕，同年除夕首次在仙台舉辦了「除夕演奏會」的自主事業。仙台一向重視過年傳統，因此在大家以爲除夕演奏會不會有觀眾的情況下售罄門票，並且給予仙台市迎新年的全新感動，有鑒於這般鏗鏘有力的開始，不只大學的各種活動利用，現在也與當地報社合作而將具有影響力的自主事業常態化等（例如邀請優秀並即將成名的演奏者，而非已是名人的專業者），也確實實踐了大學貢獻在地的任務（圖8-12）。

第九章

良好的空間是藉由良好的計畫過程才得以成就

Pre-design（建築設計之前的設計）—

目前爲止的論述中提及，爲了實現好的空間，當然必須要仔細地操作複雜的機能，並去意識其中人的行爲，且多方注意作爲其支持的營運部分。也就是說，需要理解計畫，整體過程皆須經過充足思量。

那麼，如何才能構築這樣的過程呢？查爾斯．桑德斯．皮爾士（Peirce）意識到這過程並企圖將其科學化後，此議題在以實用主義爲傳統的美國中心被認眞地討論。例如威廉．佩尼亞（William Peña）在名著《尋找問題（*Problem Seeking*）》中以易懂方式說明，建築過程中爲了創造成效應具備的特質。沃夫岡．普萊澤（Wolfgang Preiser）也是將建築的使用後調查及其計畫後的回饋，即POE（Post Occupancy Evaluation，使用後調查）體制化的重要人物。榮朗（Jung Lang）的建築計畫名著《建築理論的創造——關於環境設計的行動科學的作用》，則非常實用地總括解釋了計畫的過程。

良好的建築不能被設計者的優劣及業主突然冒出的想法所影響，其必要條件是須根據科學方式來建構問題意識，這在日本的「建築計畫學」中已是共識。而建築物實際如何被使用？它的使用方式有符合使用者需求嗎？若不符合的話，造成衝突的起因是什麼呢？是空間嗎？還是使用者的習慣？或是在營運上？假如是空間上的問題，有哪些調整的可能性？建築計畫學創建期的研究者青木正夫即是利用辯證法，消除了這些衝突而將建築計畫過程理論化。其三段式理論分別爲：首先須充分理解建築的目的，下一步是從實際的使用方式中發現問題；統整問題後，爲了解決它們而提出具體方案。這樣優秀思索，的確和前述的佩尼亞及普萊澤在同一軌道上。日本建築計畫接續這些思論之流，以國際視角來看，不但具有高水準且提示了各種不同見解與知識。

建築計畫的巨人：威廉・佩尼亞（William Peña）——

前述的佩尼亞說：「良好的建築不是偶然被做出來的，而是存在著一些共同條件。」他被這個直覺引導，留下許多有價值的工作，特別是商業界計畫實務的實踐，他的事務所 Caudill Rowlett Scott（CRS）在建築計畫上有很大的發展，之後雖被設計事務所ＨＯＫ收購，但他的功績並不會褪色。佩尼亞說，要做出好的建築，非常重要的是需要良好的建築師和良好的業主共同深入思考，並協力推進工作，不能缺少的是須以設計前段的 Programming（建築計畫）作爲中心來管理整個過程。爲了以易懂的方式統整計畫本質，他的著作《尋找問題（*Problem Seeking*）》被翻譯至世界各國，在出版超過40年以上的今日仍被再版持續閱讀著，其受歡迎的祕密是使用平易近人的文章及圖像提示，將原本各種看似偶然獲得成功的要素歸納成必然的方法，並整理成容易理解的狀態。佩尼亞在思考建築計畫扮演的角色上也非常有趣，以下加上筆者的解釋來說明佩尼亞派計畫過程的各個階段。

1－目標的設定（Establish Goals）

建築的眞正業主不是建築所有者，應該是完成後使用建築的人們。然而，通常在討論設計時鮮少有實際利用者的參與，這部分很容易被忽視。因此對於這棟建築是爲誰而做，以及需要做哪些事等須有具體想像，此即爲設定明確目標的意義。眞正的使用者會隨之浮現，這可確保案子往前邁進的驅動力。

並且，伴隨著社會的成熟化，「機能」開始被作爲中間項目進行交易，爲了使其更有效率地操作，創造出一種可稱爲套裝（package）的「形式設施（building type）」並普及化。這有一定的合理性，但會誘發一種誤解，以爲依此形式建設圖書館或學校等，就能保證其中發生的人的「行爲」，而有讓人忘記建築邁向何處的危險性。理所當然地，無論是何種建築形式的建設都無法保證在裡面發生的行爲，因此必須在最初規劃時，就要確認具體所要達成的事項。

2－事實的蒐集與分析（Collect and Analyze Facts）

接下來是蒐集實際資料的部分。也就是爲了了解「目標的設定」中設定目標的實際情形來精細地審視現況。依據目標具體列出其機能，並將個別和現實狀況相互對照，依次檢討實現方法，以上的樸素過程可以避免計畫者自我陶醉在出衆的目標設定之中，而導致實務上控制不足的狀況；並且此階段以基準（benchmark）及用後評估（POE）的方式結構化實際資料，這樣讓建築條件核對科學性的方法論大多是有效的。(1)「目標的設定」如強烈光源般照亮；(2)「事實的蒐集與分析」中彙集的事實，引導出(3)「概念的確認」滿足其建築的條件。

3－概念的確認（Uncover and Test Concepts）

爲了實現目標所需的提案組合即爲概念（concepts）。「整理概念」就是事先預測建築在具體化後會讓人產生哪些實際行爲，這個階段是利用建築手段去整理達到目標的鋪陳，也就是說，概念指示了現在正進行中的計畫架構，也是將社會性現象轉換成建築性現象的鉸鏈。而判斷究竟會發生哪些事是件很困難的事，爲使難以判斷的事變得更明確，在計畫時會使用概念圖解（concept diagram）進行檢討。在第五章也論述了圖解（diagram）不能直接轉換成空間，在此階段它是測試概念的工具。

4－需求的測定（Determine Needs）

順應著概念組構建築並同時整理社會上的需求，以確認在建築空間中需具體實現的性能（performance）。這個階段實際整理了新建築和社會之間的適當關係，借助第四章的面積表及泡泡圖解的力量，讓抽象概念可置換成具體的機能與面積等。

5－問題領域的設定（State the Problem）

以上明確又好理解的內容包括：任務的提示與共有、基準的整理、概念的驗證，以及清楚表達所需性能規格的流程。但佩尼亞不只提示這些就結束，還提出了奇特的第五點：問題領域的設定。決定案子品質的最重要因素，是針對已設定的目標釐清社會性的障礙，並找出解決它的方法，冷靜且透徹地完成。佩尼亞的理論是有趣而具深度的。同時，植入此階段能抑制社會因新建築的投入而往混亂前進的狀態，並讓案子的機制與營運有可以運作的可能。計畫初期，將風險攤在桌上整理的方法也與現代風險管理理論相通。將抵達目標前道路上橫亙的問題具體顯現，並保持挑戰的姿態，這就是佩尼亞計畫理論的最高價值。

第十章

良好的計畫過程是以社會上垂直及水平的信任關係作為支撐

良好的過程帶來的事——

如同前述，良好的建築不是偶然地被蓋出來的，須經過思考的過程始可實現，絕不是從哪裡買一個建築師品牌就好。

在此所指的「良好」，是透過新建築的建設爲社會置入新「空間」，新的連結關係由此而生。創造這個「良好」的過程，在建築的早期階段即開始運用模擬的方式，也就是先行試驗建築完工後空間中會發生的行爲。然而，社會上運作著各種慣性力量，如果導入新的作法，會在它們的銜接處產生摩擦。這即是爲何前章提到，「問題領域的設定」在良好計畫過程中的必要性之原因。

換句話說，努力實現良好的計畫過程中，會顯現社會中存在的問題，有時也須與其戰鬥。筆者在「仙台媒體中心」、「苓北町民會館」、「東北大學百週年萩紀念會館」的工作過程中雖然辛苦得想逃避，但在完成後得到了充分的愉悅感；進行過程越費勁的案件越獲得好評，也許是因爲在過程中試行了完成後軟體面（soft）的關係。這證明了社會關係資本，也就是人與人之間聯繫的各種資源之部署和「空間」有很深的關聯。良好的建築在現存的社會關係資本的布置下可以往好的方向改變，但必須先在過程中經過試驗。

比較政治學的研究者宮本太郎列舉了充實社會關係資本的要素，包含了垂直與水平兩方向的信任關係，意即執行新計畫雖無法避免風險，仍須讓計畫適切地前行，因此不能缺少以下兩點：(1)垂直方向的信任：執行計畫方須對風險有實際的把握，並在組織內對風險有共識、互相協助。(2)水平方向的信任：和緩地與因計畫而受影響的人們合作，一起發現風險並預防風險。(1)垂直方向的信任與第八章所述的營運實例相關，(2)水平方向的信任是關係到第七章所述，對於共同體的覺察和隱私關係之中所顯現出來的現象。

筆者現在參與東日本大震災的相關重建業務，在計畫過程中常思考垂直／水平方向信任的重要性。接下來將透過代表性實例，進而思考計畫過程中信任的意義。

垂直方向的信任—

岩手縣釜石市是因爲新日鐵企業的進駐而發展起來的高據點性城市，近年因全球性產業結構變革導致人口外流而苦惱。在此狀況下發生的東日本大震災造成了嚴重災害，海嘯浸水範圍包含市中心的沿海7km^2街區，受損建築物全毀加半毀共3704戶，死亡及失蹤者共1040人（2013年2月底時）。尤其海嘯對形成釜石市的歷史和特色的沿海區域（東部地區）損害極大，不過臥城的內地區域（西部地區）幾乎沒有災情。因此災後的許多強烈意見爲改變都市結構，將市鎮的基礎機能從東部轉移到西部地區。但之後經過各種討論形成的共識方向，是透過沿海地區的再生，找回原有的據點性。

這樣的背景下，重建釜石市必須著手的課題是盡快對市民勾勒明確願景，阻止沿岸區域人口流失。並且，推動實際的重建計畫當然需要專業的know-how，統合進行相關廣泛領域的業務。因此市政府從2012年10月開始導入「重建指揮者」制度，讓指揮者和市府員工一起進行促進重建的實務工作，希望達成豐富的生活環境，讓市民返回市鎮。三位重建指揮者爲：以「大家之家」等案認眞思考建築師在重建中專業作用的國際級建築師伊東豐雄；災害發生前即參與釜石市都市規劃的遠藤新；以及負責建築計畫及其他項目的筆者本人。

利用此指揮者制度，市政府和地區居民透過密切的溝通，擷取他們的需求，明確化可實現的環境品質。關於主要事業的進行方向，決定以公開徵求提案的方式選擇優秀專家。同時，跨領域整合個別案子的架構爲「釜石未來城鎮規劃方案」（圖10-1）。這些良好建築是依據細膩的設計而完成，再慢慢地改變周邊環境。也就是說，這是從點到線，線再到面而成就的重建企劃，讓市民、行政、設計營造方可以成爲一體，邁向以下三點方向：

(1)—與市民合作：市民是重建的主角，讓他們理解複雜重建工作的本質，主動參與新城鎮再造，而構成對等的夥伴關係。

(2)—錄用重建業務的專家：爲了引起對重建的強烈共鳴並能解決問題，需要有極佳提案能力的專家一起合作。

(3)—視爲事業來展開重建：以透明性及信任作爲基礎，業主及設計營造方設定了公家和民營聯繫的架構，以達成困難的重建工作。

然而，雖然經過嚴格篩選，但在繁忙而大量的重建業務中，要宣稱將導入公開競圖的方式是困難的[10]，並且需要跨領域聯繫多且歧異的相關局處，這工作的負荷量已

10—譯註：此處的競圖方式稱爲 proposal，先選設計者再調整設計內容。

超越了一般程度，若只有抽象框架可依循，是不太容易完成高品質的重建目標。筆者在災害發生後已長時累積了與受災地相關者的緊密交流，以這些實績作爲基礎，並在重建前線的野田市長的指揮之下，與各行政負責人建立了結構性的信任關係。

這個「關係」在發表「釜石未來城鎮規劃方案」時，市長在談話中也表示：「創造一個可以持續到未來且令人安心的市街需要踏實的細膩設計，但又在不得不儘早完成的情況下陷入兩難的困境，因此需要專家的智慧及建議。在此困境之中希望受災者可以覺得『要做的話就要做好的東西』，而建立良好的信任關係。」這是一個鮮少的案例，行政首長對於跨越困境有這樣的表述，完工日期和整備戶數等「量」的指標是無法計測具體的「質」，在此情況下，垂直的信任關係是不可缺少的（圖10-2）。

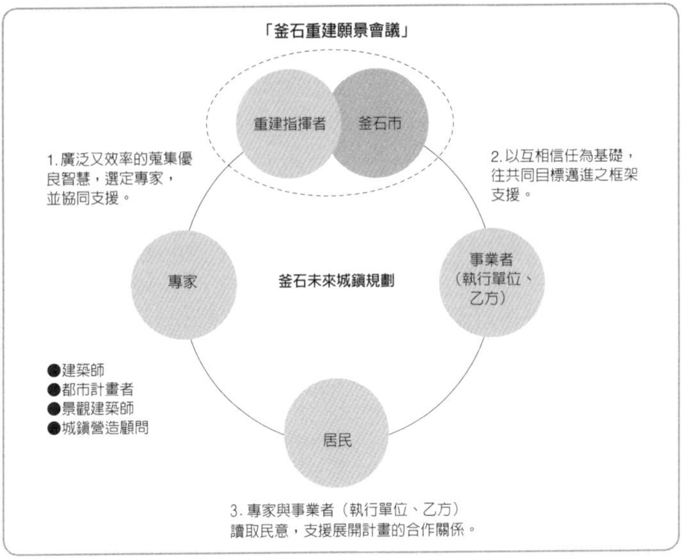

圖 10-1　釜石未來城鎮規劃方案

圖 10-2　垂直方向的信任
（自右：伊東豊雄先生／釜石市長野田先生／筆者）

水平方向的信任

宮城縣七濱町（七ヶ浜町）人口約2萬人，是一個範圍大約在直徑5km圓形之內的小型自治體，距離核心都市仙台市區約15km，還保有許多自然地區。日本大震災的海嘯使町區域的36%，約5km^2的部分浸水受害，全毀和半毀的受損戶數共1323棟，死亡和失蹤者共105人（2013年6月1日時）。

城鎮的復興公營住宅的預定整備戶數爲217戶（2013年7月時），城鎮的總戶數是6540戶（2012年1月1日官方統計），控制其比例約占3%。這個比例和其他災區相較是被抑制的情況，這是因爲鎮公所細心地對居民舉辦面對面說明會的成果。說明住民制度時，不但準備了可對照的精緻手冊以及可簡單計算負擔費用的軟體等。另一方面，這些誘導有單純化復興公營住宅申請者的篩選作用。預計遷入者的居民較多爲高齡者，因此尋求支援的人們比例也會變高。

針對先前阪神大地震重建案例的反省，確立了避免社區品質劣化的計畫方向，因此以一對一的對應方式，在城鎮受災特別嚴重的五個地區分別整備各自的復興公營住宅（圖10-3）。具體而言，復興公營住宅使用「起居連接形式」（Living

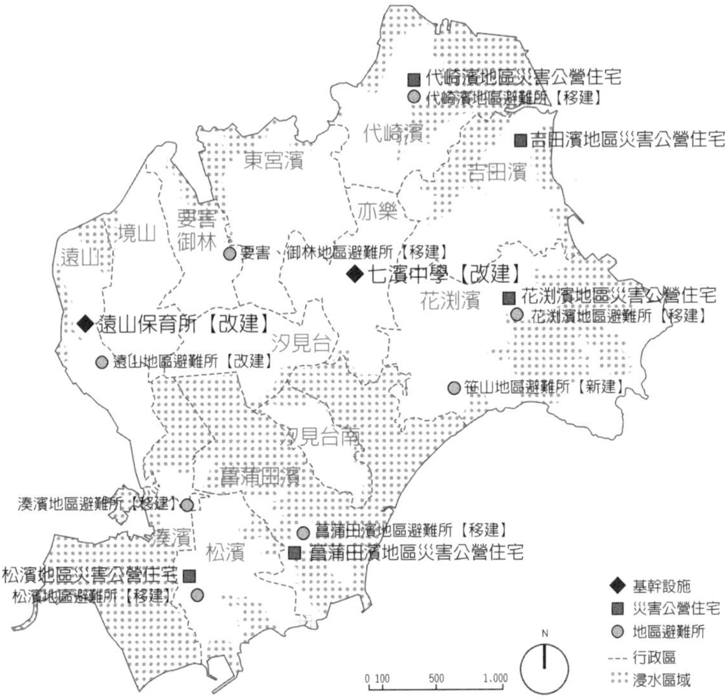

公開招募之特性	地方的需求×建築師的能力 透過建築的再生思考、城鎮營造及防災，重新構築地域
全國的智慧（來自全國的才智）	①基礎設施（教育、福利設施） 【設施的特性】縣道是避難幹線、輔助縣道機能的設施 【公開招募的特性】從全國集聚眾人才智，選出優秀設計者。 「遠山保育所改建之基本設計及實施設計業務簡易公開招募」 「七濱（七ヶ浜）中學基本及實施設計委託業務公開招募」
對在地的陪伴	②災害公營住宅 【設施的特性】與居民密切溝通的必要 【公開招募的特性】選出將陪伴著在地的合夥人 「七濱（七ヶ浜）中學基本及實施設計委託業務公開招募」
廣泛的開放	③地區避難所 【設施的特性】與居民密切溝通的必要 【設施的特性】一方面培養可以活用基礎設施和災害公營住宅的專家資源，另方面需要尋找可以和當地細心地進行協調的人材。 【公開招募的特性】廣泛開放的簡易型公開招募 「七濱（七ヶ浜）中學基本及實施設計委託業務公開招募」

圖 10-3　七濱町全區圖

參考計畫：菖蒲田濱林合地區

住戶構成 樓層	A：2DK（55㎡） 夫妻型	B：3DK（65㎡） 家庭型	C：LSK（55㎡） 銀髮族型	計
1F	2戶	13戶	17戶	32戶
2F	23戶	9戶		32戶
3F	17戶	9戶		32戶
計	42戶	31戶	17戶	90戶
停車場				90台

七濱町的災害公營住宅特點，是在已居住習慣環境中再次生活，並重新建構地域整體與社會福利之關係等，期待地域擁有強力的溝通力量。
來自：「七濱町（七ヶ浜町）災害公營住宅選定設計者簡易公開招募實施要綱」

圖 10-4　七濱町（七ヶ浜町）重建公營住宅參考平面

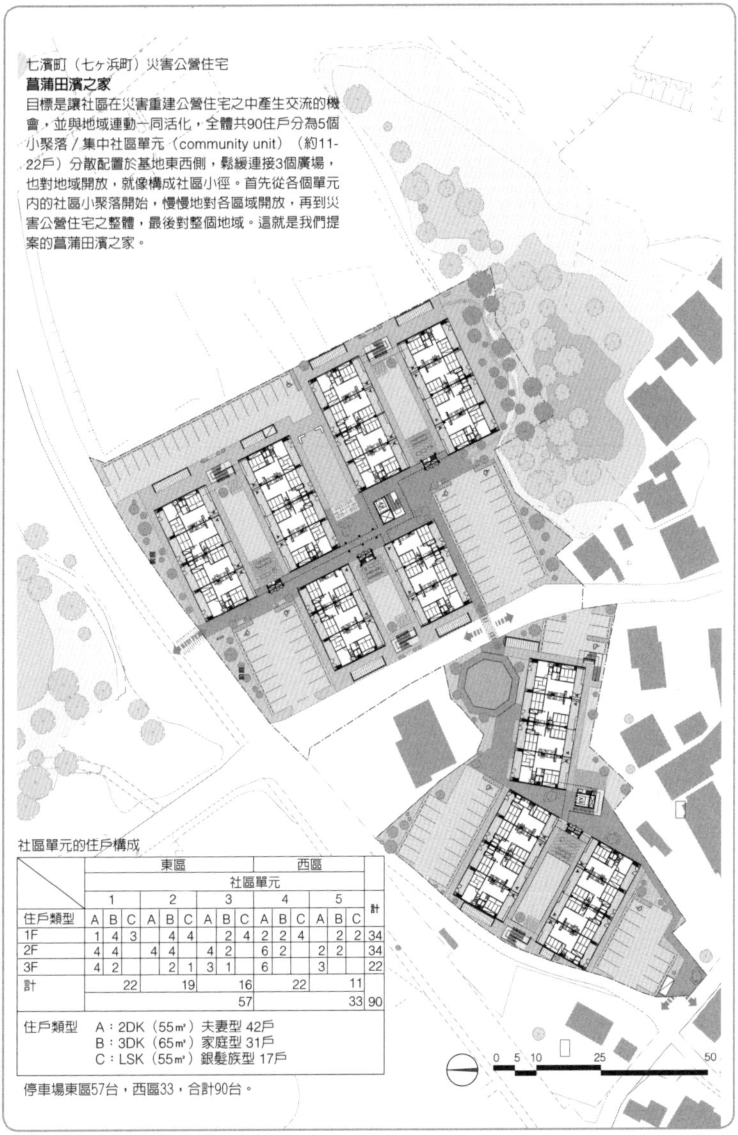

七濱町（七ヶ浜町）災害公營住宅

菖蒲田濱之家

目標是讓社區在災害重建公營住宅之中產生交流的機會，並與地域連動一同活化，全體共90住戶分為5個小聚落／集中社區單元（community unit）（約11-22戶）分散配置於基地東西側，鬆緩連接3個廣場，也對地域開放，就像構成社區小徑。首先從各個單元內的社區小聚落開始，慢慢地對各區域開放，再到災害公營住宅之整體，最後對整個地域。這就是我們提案的菖蒲田濱之家。

社區單元的住戶構成

	東區									西區						
	社區單元															
	1			2			3			4			5			計
住戶類型	A	B	C	A	B	C	A	B	C	A	B	C	A	B	C	
1F	1	4	3		4	4		2	4	2	2	4		2	2	34
2F	4	4		4	4		4	2		6	2		2	2		34
3F	4	2			2	1	3	1		6			3			22
計	22			19			16			22			11			
	57									33						90

住戶類型
A：2DK（55㎡）夫妻型 42戶
B：3DK（65㎡）家庭型 31戶
C：LSK（55㎡）銀髮族型 17戶

停車場東區57台，西區33，合計90台。

圖 10-5 七濱町（七ヶ浜町）公開招募的設計提案（阿部案）

Access）（第七章）等方法，希望成爲社區交流程度較高的集合住宅以紓解問題（圖10－4）。另一方面，「連接起居形式」的設計難度比傳統北向進出的住宅更高，因此起用具有能力的設計者作爲代理人（agent）非常重要。此外，藉由公開競圖（proposal）的導入確保了優秀設計者的參與（圖10－5）。再加上取得宮城縣政府的協助，縣政府支援了受災地公營住宅的發包作業，保障了容易出現風險的技術面。負責企劃和營運的町政府[11]、町所選的設計者，以及支援重建發包業務的縣政部（此工作原由町負責），如此互相連繫並持續努力，確保了適當的實務環境。

一般情況下，受災地區的行政業務繁忙，人力緊迫，很難採用耗時複雜的公開競圖方式。但在七濱町，先藉由上述工作抑制了需要整備的戶數，再加上復興公營住宅定位爲各地區城鎮營造的核心，因此產生得以細膩進行計畫的餘裕。

之所以可以容許如此精細的作業，原因是城鎮規模尚小，且與當地居民存有信任關係，町政府才能達成這樣的成果。在早期就和有能力的專家（建築師）簽約，因而可細心舉辦居民參與討論的工作坊（圖10－6），居民踴躍的參與，更增加了與居民之間的信任，而慢慢釀成良善的循環。這個建設後必要的水平方向信任的構築，此案早在過程中就先開始形成了（圖10－7）。

圖 10-6　水平方向的信任

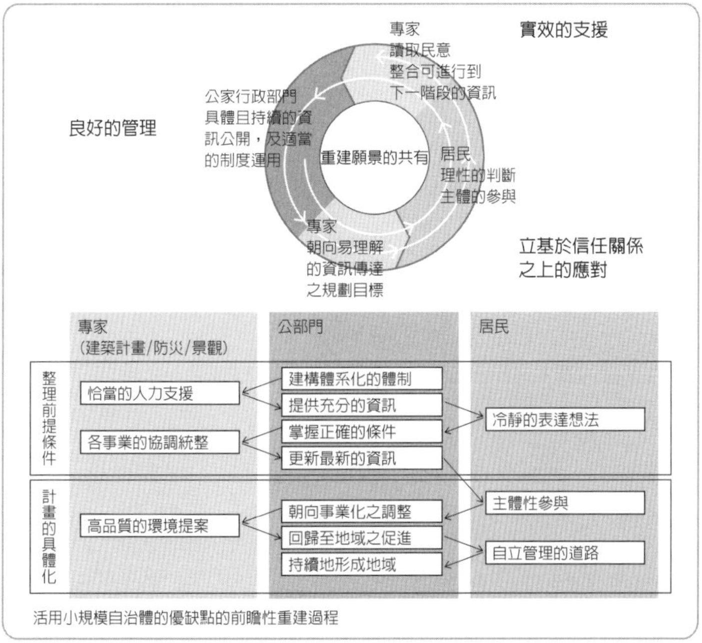

圖 10-7　重建的信任循環（製作：加藤優一）

11　譯註：位階類似於台灣的鎮公所。

第十一章

良好的計畫過程需具備穩固的專業能力，及其在社會機制中的定位

10倍的顧問費

截至目前可以看到，爲了實現良好的計畫，需要立基於社會上的信任感與高度專業性的統合。同時，爲了確保專家能夠穩定地參與其中，這個機制在社會上必須持續下去並且是需要先行準備的。但非常遺憾的是，現在的日本社會尚未達到可被倚賴的狀態。

圖11-1是日本與英國兩個圖書館案之比較，兩案皆使用了ＰＦＩ（Private Finance Initiative），ＰＦＩ是一種活用民間資本進行計畫／建設／營運的模式，常用於公共建設，圖中可看出兩國差異非常明顯。英國案例位於布萊頓，是一座位於沿海市街中心的圖書館（Jubilee Library）。建築物前的都市廣場時常聚集非常多人，熱鬧且具高據點性。建築物本身也獲得英國優秀建築的總理大獎，是一座擁有靜心閱讀環境的圖書館。另一方面，日本案例同樣建設在地方城市的中心，是經常被介紹爲ＰＦＩ良好案例的圖書館。這個案例因爲當時行政人員的奮鬥，非常幸運地在ＰＦＩ導入日本的早期成爲一個用心開創的先例，設計營造方也在嚴峻成本的情況下做得很好。雖然這麼說有點嚴苛，但日本此案相對於英國案例在建築成果上較爲普通，對都市的表情不足，對周邊環境的貢獻也有侷限性。

		英國 -United Kingdom-	日本 -Japan-
業務概要	地方行政機關	Brighton & Hove City Council	E 市
	工程名稱	Brighton Central Library（Jubilee Library）	E 市圖書館等複合公共設施特定工程（E-ML）
	實施業務内容	圖書館等設施、圖書等維持管理（委外營運）、規劃全體之 master plan、市中心開發	圖書館等設施、圖書館等維持管理、圖書館營運、對市政府的出租面積、生活便利服務設施的營運、所有權轉移業務
	併設設施	咖啡廳、賣店	保健中心、勤勞青少年館、多目的會議廳、生活便利服務設施
	周邊開發	可負擔住房（affordable housing）、店家／住宅、飯店、商店／辦公室、餐廳／酒吧（雖不屬 PFI 範圍，但依規劃一體性開發）	基地周邊規劃於「Civic core」[12]範圍内，因此以公共公益設施為中心，作為服務市民的據點。（本業務範圍外）
	事業者選定方式	Invitation to Negotiate（ITN：邀請談判式）	總合評價一般競爭投標方式
業務期間	事業公告	Advertising project Expressions of interest – OJEC（1999 年 1 月）	公布實施大綱（2001 年 6 月 13 日）
	與事業者契約	Contract signature – Financial Close（2002 年 10 月 21 日）	本契約（2002 年 6 月 26 日）
	開館啓用	Public opening Day（2005 年 3 月 3 日）	開幕（2004 年 10 月 1 日）
	事業公告至啓用	6 年 2 個月	3 年 4 個月
	營運期間	25 年	30 年
建築概要	樓地板總面積	6,450 ㎡	9,114 ㎡
	構造	PC 混凝土、鋼骨	鋼骨
	樓層	地上 4 層	地上 5 層、機械室等 1 層
概算經費	總經費	約 5,000 萬英鎊：整體再開發規劃費約 64.5 億日幣	含營運費投標：約 116 億日幣
	圖書館建造費	約 811.5 萬英鎊：圖書館建造費約 10.5 億（不含設計費及基礎建設）	圖書館建造費約 21 億（不含設計費等）
	建築單價	1,257.69 英鎊／㎡；約 16 萬日幣／㎡	約 23 萬日幣／㎡
	顧問費	約 200 萬英鎊 總計約 25,800 萬日幣	可行性評估：約 430 萬日幣 顧問：約 300 萬日幣 總計約 3,500 萬日幣
得獎		Better Public Building Prime Minster's Award 2005	第 1 屆 PFI 大賞特別賞 日本建築學會中部地區學會選獎
外觀照片			

圖 11-1 日英圖書館 PFI 事業的案例比較（論文發表時的匯率：1 英鎊為 129 日幣）（製作：山田佳祐）

12 — 譯註：Civic core 政府設施、地方行政設施、民間設施 3 者之間共同整備都市計畫。

和日本案例相比，英國的顧問費及設計費高於日本將近10倍，並多花了4倍時間。但它的營造費低，卻能在整體建設和營運成本比日本還低的狀況下實現。考量它實際完成的建築品質及與城市間的良好聯繫，可謂是非常值得買單的作品。當然兩者的匯兌及建設業界機制不同，應該單純地比較較爲謹愼，不過，英國案例是先僱用優秀的代理人（agent），接著讓他們確實地工作，閃避各種風險，以良好空間資源創造出社會價值，而且是在低價之下完成。本章將探討截至目前爲止尚未論及的這種機制，也就是爲了成就良好的過程所需的專業能力，以及使這個專業能力發揮作用而需在組織內給予的適當位置，這些都是得去思考的。

孤立的業主

圖11-2是英國和日本PFI機制的比較圖。英國有團隊組織對應，相比之下，日本的業主則處於孤立的狀況，看來是沒有根據地隨意選擇顧問及專家，換言之，負責人的能力與熱忱會影響案子的品質而呈現波動狀態。爲了提高提案品質的評價，系統性專業知識的加入絕對是必須的，然而可嘆的是，樂天的日本胡亂抓食般地召

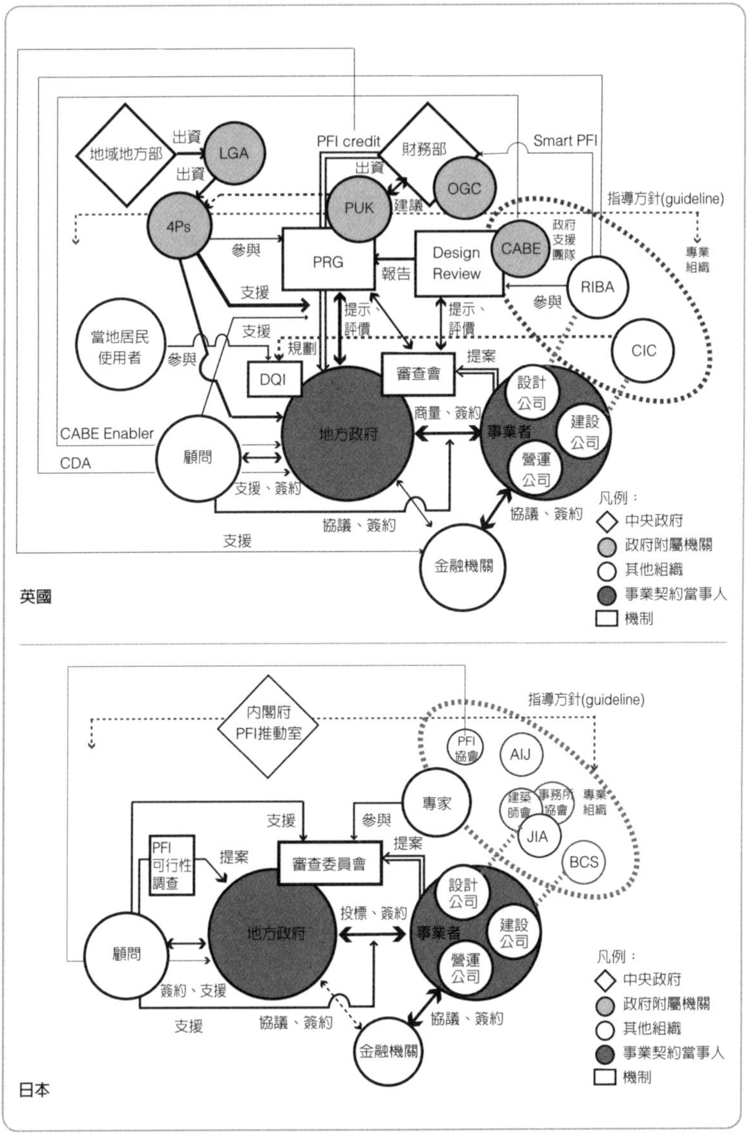

圖 11-2 英國與日本關於 PFI 機制的對照

集拼湊各領域的專家，審查委員會的水準並不穩定。反觀英國皇家建築師協會（RIBA）及政府相關的設計支援團體（CABE）等有機地活用現有的專業組織，自然這兩者的結果會有差異。

英國原已存在稱爲gateway的架構，並已透過此評審會有效利用專家組織，讓RIBA與CABE的專業組織可以派出優秀的專家送進評審會。而在日本，顧問公司是以受託者的身分偶然地承接調查業務，基本上以蒐集整理成調查書的方式進行專案。筆者曾對某個案子表示有興趣參與的顧問公司，給他們關於PFI的簡單問題，這雖是他們的專業卻有許多公司未達及格標準。他們的知識並不完整，相當不穩定。讓他們以提案競爭的公開競圖方式（proposal），可以說是排除像這樣沒有實力對象的有效方法，但在日本，所有公共工程都必須以投標方式進行，很難用公開競圖的方式篩選，因此只能確保專家個人性的參與，不像英國那樣作爲機制支持著業主。

此外，日本的專家組織是否類似英國組織那樣，可以對社會業務上有很大貢獻？這一點也頗困難。考量到他們須在低廉設計費的環境下工作，我想日本的建築專家們已算是獻身其中，只是參與度仍有限。當然，日本的建設公司大多都能在承包契約之下努力進行作業，不需採用像英國那樣高成本又複雜的機制，因此日本伴隨發包而顯現的風險可能也較少。換句話說，若對施工者使用統包方式（cost on）[13]，反而減少了成本調整的麻煩作業。但現今因經濟的全球化使社會的冗長性消失，被要求的程度上升，此情況在日本也無可避免。這麼說來，組織性的對應是必須的，但日本現況在戰略性／構造性地活用專業者還存在許多課題，英國的這個機制在2010年政權交替後有很大改變，儘管如此，社會還是將建築師視爲實現社會價值的專業人才持續重用著。

支持著競圖大國（法國）的建築計畫者programist—

在EC（European Community）區域內的契約公告之中，各國設計競圖占的比重是法國29%，德國10%，英國1%，法國的比重壓倒性較高（FRI, 1999）。這是因爲法國擁有全面性的建築法規，MOP法中規定，一定規模以上的公共建築有義務使

13　譯註：cost on意指在建築工程上發包者先指示建設工程的費用，再於其增加管理費而作爲估價金額，形式上是一起發包，但實際上是個別發包，建設公司只執行管理的狀態。

用設計競圖。特別在建築相關政府部門中的規範指南書ＭＩＱＣＰ，將過程整理成四大階段：設計前階段、設計競圖、設計階段、支援階段，並明確指示各階段中參與專家的作用及角色。

法國的公共建築發包機制中特別值得一提的是，它非常詳細規定了競圖過程，在須提出的參加表明書之中，明定第一階段的書面審查會選出5家左右的公司，第二階段需訂定基本設計的實際付費，並且指示在第二階段必須要有一位年輕建築家參與。這是從建築界的人才庫中籌措資源，讓競圖機制能夠維持下去，不使人才庫消瘦衰化。發包方理解需有意識地讓年輕人參與，促進再生產的必要性。而ＭＯＰ法更嚴格規定了報酬及繳交之成品，特別注意不使專家被競圖消耗，這樣的情況和日本在競圖時不太給予報酬，掠奪人才庫有如持續焚燒農田般的實情形成很好的對照。

並且，支持著這些競圖的是設計的前階段作業。因爲一旦公布競圖的條件後就很難改變內容了，因此在法國，明確地定位了細膩整理設計大綱的階段，被稱爲「設計要求標準書」（cahier des charges）。而在此階段的核心角色即是業主所僱用的建築計畫者（programist）。不只建築，也需擁有哲學及行政的專業背景，而他們能讓競圖內容是在社會上有意義的。建築計畫者雖在法國還是不穩定的專業工作，但是包含日本在內的其他國家幾乎不存在這樣的職業，因此可以想像對嚴格實施競圖的法國而言，此職業應是支撐了這個機制。

邁向更好的建築

如此這般，以建構預算有限卻擁有高品質建築的環境爲目標，歐洲主要國家配合各國狀況採用不同的公共建築發包模式。法國根據全面性的建築法，讓設計競圖確保了公開徵集的提案品質，使負責整理設計綱要的建築計畫者的專業十分發達。都市計畫限制較多的德國採分權進行，其中一種稱爲「Plan B」的都市計畫規定具有優先權，它被定位爲與社區的對話，建築品質會基於其社區的層級進行審查。在法國及德國，參與空間設計的專業權限是被尊敬的，會讓這些職業有再生可能，也就是會有新世代的投入並可持續下去，費用部分也有詳細規定。另一方面，英國法律體系的普通法系較有彈性應變的空間，可以立刻因應社會的變化設定各種發包方式，也建立了政府組織人員可有機地進行支援的機制。於是，依照這些複雜的機制有利於專業的推進，對建築師的角色也擁有高度認知。

而在這些國家中，專業團隊在社會上是被尊敬的，也確實落實其角色作用。另一方面，日本的公共發包方式尚未成熟，仍依賴著個人力量。結果也因爲選定專家的規則存在許多不確定因素，有好的成果只是偶然因爲有優秀的相關人士參與才得以收穫，是相當不穩定的狀態。更遺憾的是，投標大多以設計費競標，而非讓人才庫裡的專業者一分高下來決定，因此很難獲得專業的嚴峻狀態。應可倚賴的專業團體也分裂了，這些具專業能力的專家可確保社會價值，但環境卻尚未達到可以賦予他們定位的狀態。

這樣聽來似乎很絕望，但日本建築師在世界上深受尊敬，且日本的公共建築看起來也並非處於淒慘狀態。這表示日本是憑藉個人的鑽研累積，相信著這些人並讓他們組織工作，這樣的社會資本尚未廣泛地分布。然而，近年來的全球化浪潮巨大地震撼了日本型式的基礎。可惜的是，因爲持續以以往的屬人方法製造著只能期待專案負責人獻身的良好環境，無論是社會或個人都已失去從容餘裕了。

建築師定位的幅度還相當大的日本，要達到可將建築計畫視爲一種業務的狀況仍很遙遠。但至此所述，爲了實現良好的空間必須具備細膩的過程（process）管理，精準判別事業的環境條件，並召喚可成就高效益的條件設定，我想這樣的建築計畫任務會越來越具重要性。前述一些國外案例是讓專業工作在社會上得到適當的發揮作用，這必須在社會結構之中確實地置入專業能力。

再次重覆說明，初期的條件設定眞的是關鍵，考量現況中財源和顯示黃燈的人力狀況，它們的重要性應無需再提。在日本的建築設計品質還有餘裕的狀態下，讓這些工作在社會結構中有所定位的必要性，相信大家已都相當明瞭。

後記

現在筆者大部分的生活，著重在東日本大震災的重建上。

在這些龐大的業務之中，不要失去身爲專業者的自豪，並持續著面對日常的課題。本書部分內容有提及大震災的災區，但大多的作業是現在進行式，也有很多感到羞愧的地方。事實上，關於災區重建事項本應託付未來再作評價，像這樣在本書中稍微偷跑的記述請多包涵見諒。

儘管如此，在這樣重建的工作現場中，能和居民抱持密切地交流對話，並加入了土木技術與地域經營的觀點，冷靜地展開實踐，如同本書也提到的，是因爲不只是對建築計畫和設計，還有對發包業務和成本管理等各研究領域的投入，這些都會有幫助。如同在許多人完成的優秀重建先例中所顯示，包括充分開拓適當選項的技術力，以及和居民確實共享資訊的對話力，最後建立相關者之間的相互信任，才是直接影響重建品質。當然，須常常抱持緊張感，以免於被侮辱是行政的僕役。

我在TOTO出版社的總編輯遠藤信行勸請下，於2010年末開始著手寫這本書。如同前面內文所提及，之後捲入了日本大震災的厄難中，造成很大的困擾。我自己也懷疑：「像這樣藏身於建築背後樸素無華的故事，到底會有誰想讀？」而迷惘著：比起執筆，是否更應該把時間用在災區現場？以種種理由推拖寫作。每當此時，遠藤先生總勸誡：「你應該將自己的職業好好地記述下來」。如果沒有毅然又有耐心的遠藤先生，也不會有這本書，因此首先想感謝他。

此書中幾乎沒有提及到對我而言非常重要的「苓北町民大廳」及「S公司總部大樓專案」，自己也認爲沒有納入是有所遺漏，但這兩案的難度相當高，因此無法在11個條件中插入略記。這些案子讓我和優秀建築師們產生非常深刻的連結，對我的職業生涯形成有很大的影響。若沒有和阿部仁史建築師一起合作，至今我也不會如此嚴格貫徹執行自己的專業。阿部先生現在以美國爲基點活躍於國際，也想深深感謝他。

相對地，本書中頻繁出現的案例爲「仙台媒體中心」。至今仍認爲，如果沒有將它作爲一位建築計畫者的起點，也就沒有現在的我。當時菅野實老師對我說了像是職場漫畫會出現的台詞：「你常常掛在嘴邊的那些事情有很多都在這個案子裡，盡全力的去做吧！責任全部我來擔！」他託付給我這個案子，推動我，然後也幫我收尾，如果沒有菅野實老師，我的建築人生可能尚未貫徹到底就半調子地結束了。並且，在「仙台媒體中心」的工作現場，爲了實現新的建築，也非常感謝保持著毅然姿態的伊東豊雄先生。如果沒有伊東先生很認眞地思考，將牆壁除去的話，書中第二至三章所看到的關於行爲與機能的構想就不會發生。現在在重建部分也多所借力，我認爲他是一位很有深度的建築師。當然在此案現場從才華豐富又有個性的工作人員身上也學到非常多，包括橫溝眞、古林豊彦、松原弘典等。同時也非常感謝優秀的行政人員，以及教導我工作樂趣的奧山惠美子女士（現仙台市長）。因爲奧山女士，現在災區重建的負責人們才能彼此尊敬地進行工作，這是因爲與仙台市的優秀工作人員們一起在現場工作的經驗成果。

大學畢業後踏出社會還青澀懵懂之時，是因爲有耐心指導我的前輩們才得以工作。無微不至地教導計畫業務的東北大學設施部的佐佐木紀安係長（當時），細膩地指導設計方法論的建築師鄭賢和先生、藤本宣勝先生（已故）、針生承一先生，以及帶領我打開眼界與社會聯繫的北原啓司先生，這些前輩耐心的對待一個默默無名的年輕人，從他們身上獲得的，至今都是貴重的資產。當然還有研究室的筧和夫老師、松本啓俊老師，在我尚未成熟的狀況下的各種指導。清水裕之、本杉省三、長澤悟、上野淳、小林秀樹等優秀的建築計畫諸先進們，在此也表達感謝之意。如果沒有這些優秀榜樣，我必定早就迷失方向。以研究者的身分來看，守屋秀夫先生（已故）、門內輝行先生、服部岑生、布野修司、古阪秀三等，他們對社會擁有堅固的問題意識及深厚的知性，被這些具有豐富的個人風格的研究者們疼愛照顧也是我很大的資糧。當然還有從一起合作實務的槇文彥、山本理顯、橘子組、千葉學等許多具才華的建築師們身上也學到非常多。特別是山本理顯、阿部仁史、矢口秀夫（阿部仁史工作室）、八重樫直人、平田晃久願意借用圖面給本書。在本書當中舉例的劇場相關設施，是因爲有長期以來擔任研究室助教的坂口大洋先生諸多協助。坂口先生今日已成爲日本劇場研究者的代表，他年輕時期的努力是無法取代的。

筆者在UCLA擔任在外研究員時，Ben Refuerzo 教授及 Rebecca Refuerzo 女士對我非常接納關照，Ben 雖然不很能幹，但他穩定地連結設計與研究的身影，對當時正煩惱這兩者對立的我，從他身上所學到的是無法計量的，並且我在這時期深入研讀了英文專業書籍，也是很大的幫助。如果沒有對世界打開視野，我想我也無法在各個工作現場中如此集中心力直至今日。

至今我還可以活著，是因爲被家人、朋友、大學的工作人員、學生們，及關於重建業務的合作者們支持著。也非常感謝石田壽一、五十嵐太郎、本江正茂等同事，努力得令人驚異的佃悠助教、岩澤拓海研究員及他的同年代的工作人員。也感謝東北大學災害研究室復興團隊。若沒有大家的幫助，我也無法正面迎向工作。我個人認爲自己的個性低調樸實，實際上對祕書淺野志保小姐、ＳＳＤ的鎌田惠子小姐及學生們也造成諸多麻煩。並且，託研究室許多優秀畢業生們的福，讓我可以明瞭各種事情。也想深深感謝他/她。ＴＯＴＯ出版社田中智子小姐和南風舍的平野薰小姐，在遲遲沒有進度的緩慢工作狀態中，明確地幫我安排日程。同時，中島英樹設計師及工作人員神田宇樹先生，除了裝訂之外，美麗地重製了論文使用的圖片，也致上感謝。

這本書的內容是以個人經驗作爲基礎資料，因此在作爲一本說明計畫者專業的書籍上是有相當的偏重。因爲我個人能力的不足，完全遺漏了居住論、設施論、都市論及其他論述。即便如此，還是很希望若能藉此讓至今仍受到許多誤解的這個專業領域，得到多一些理解，並使其得以擴展就太好了。

當然，我自身還不成熟，意志力也漸漸難以持續。儘管如此，仍嚴格鞭策自己，希望可以對社會上案子可能性的提高有一點幫助。

最後想對年輕人說，因爲不會做設計所以想成爲計畫者的人們，希望你們可以了解，雖然這個工作是設計的前置作業，但也需要有能夠洞悉之後的設計可能性的細心。如果因爲不懂設計，破壞了事業中潛在之可能性，這是很重的罪。而擁有尊重他人才能的耐心對這工作來說相當重要。話雖如此，這些是需要在年輕時和具高技術的人們一起經歷嚴格的工作現場經驗才能夠涵養的特質，因此需要注意。

可以做到以上所述，並抱持著希望做出好東西的志向，而非展現自我的人，歡迎你。我想應該蠻有趣的！

2013年7月

參考文獻

第一章

1｜Otto Friedrich Bollnow, *Mensch und raum*, W. Kohlhammer, Stuttgart, 1963. オットー・フリードリッヒ・ボルノウ著，中村浩平、大塚恵一、池川健司譯，《人間と空間》，せりか書房，１９７８。

2｜Christian Norberg-Schulz, *Existence, Space and Architecture*, Studio Vista, London, 1971. クリスチャン・ノルベルグ＝シュルツ著，加藤邦男譯，《実存・空間・建築》（ＳＤ選書78），鹿島出版會，１９７３。

3｜Edward Relph, *Place and Placelessness*, Pion, London, 1976. エドワード・レルフ著，高野岳彦、石山美也子、阿部隆譯，《場所の現象学》，筑摩書房，１９９１。

4｜Martin Heidegger, "Bauen Wohnen Denken", 1951／マルチン・ハイデッガー著，中村貴志譯，《ハイデッガーの建築論　建てる・住まう・考える》，中央公論美術出版，２００８。

5｜伊藤哲夫、水田一征編譯，《哲学者の語る建築—ハイデガー、オルテガ、ペゲラー、アドルノ》，中央公論美術出版，２００８。

6｜Adrian Forty, *Works and Buildings: A Vocabulary of Modern Architecture*, Thames & Hudson, London, 2000. エイドリアン・フォーティー著，坂牛卓他譯，《言葉と建築—語彙体系としてのモダニズム》鹿島出版會，２００５。

7｜増田友也，《増田友也著作集》，ナカニシヤ出版，１９９９。

8｜Yi-Fu Tuan, *Space and Place: The Perspective of experience*, University of Minnesota Press, Minneapolis, 1977. イーフー・トゥアン著，山本浩譯，《空間の経験—身体から都市へ》，筑摩

書房，１９８８。

9 Henri Lefebvre, *La production de l'espace*, Éditions Anthropos, Paris. アンリ・ルフェーブル著，齊藤日出治譯，《空間の生産》，青木書店，２０００。

10 齊藤日出治，《空間批判と対抗社会—グローバル時代の歴史認識》，現代企畫室，２００３。

11 Edward William Soja, *Thirdspace: Journeys to Los Angeles and Other Real-and-Imagined Places*, 1996, Wiley-Blackwell, Oxford, 1996. エドワード・ソジャ著，加藤政洋譯，《第三空間—ポストモダンの空間論的転回》，青土社，２００５。

12 David Harvey, *The Condition of Postmodernity: An Enquiry into the Origins of Cultural Change*, Wiley-Blackwell, Oxford, 1989. デヴィッド・ハーヴェイ著，吉原直樹譯，《ポストモダニティの条件》，青木書店，１９９９。

13 Robert Venturi, Denise Scott Brown, Steven Izenour, *Learning from Las Vegas: The Forgotten Symbolism of Architectural Form*, The MIT Press, Cambridge, 1977. ロバート・ヴェンチューリ&D・ブラウン・S・アイゼナワー共著，石井和紘他譯，《ラスベガス—忘れられたシンボリズム》（SD 選書 143），鹿島出版會，１９７８。

14 Le Corbusier et Pierre Jeanneret, *Œuvre complète 1910-1929*, Les Editions d'Architecture, Zurich, 1937.

15 Bernard Tscumi, *Architecture and Disjunction*, MIT Press, Cambridge, 1994. ベルナール・チュミ著，山形浩生譯，《建築と断絶》，鹿島出版會。１９９６。

16 AMO/Rem koolhaas, Domus d'Autore, «Post-Occupancy», Domus, Italy, 2006.

17 小嶋一浩，《アクティビティを設計せよ！—学校空間を軸にしたスタディ》（エスキスシリーズ1），彰國社，2000。
18｜Atelier Bow-Wow, *Behaviorology*, Rizzoli, New York, 2010.
19｜原廣司，「空間の基礎概念と〈記号場〉」，《時間と空間の社会学》（岩波講座 現代社會學6），岩波書店，1996。
20｜正木俊之，《情報空間論》，勁草書房，2000。

第二章

1｜Edward Twitchell Hall Jr., *The Hidden Dimension, Doubleday*, New York, 1966. エドワード・ホール著，日高敏隆、佐藤信行譯，《かくれた次元》，みすず書房，1970。
2｜Erving Goffman, *Behavior in Public Places; Notes on the Social Organization of Gatherings*, Free Press of Glencoe, New York, 1963. アーヴィング・ゴッフマン著，丸木恵祐、本名信行譯，《集まりの構造—新しい日常行動論を求めて》（ゴッフマンの社会学4），誠信書房，1980。
3｜Roger G. Barker, *Ecological Psychology: Concepts and Methods for Studying the Environment of Human Behavior*, Stanford University Press, California, 1968.
4｜Philip Thiel, *People, Path, and Purposes: Notations for a Participatory Envirotecture*, University of Washington Press, Seattle, 1997.
5｜Amos Rapoport, *The Meaning of the Built Environment: A Notations for a Participatory*

Environtecture, University of Arizona Press, Arizona, 1982. エイモス・ラポポート著、高橋鷹志、花里俊廣譯，《構築環境の意味を読む》，彰國社，２００６。

6 Clare Cooper Marcus, Carolyn Francis, *People Places: Design Guidelines for Urban Open Space*, Wiley, 1976.

7 James J. Gibson, *The Ecological Approach to Visual Perception*, Houghton Mifflin, Boston, 1979.

8 佐佐木正人，《アフォーダンス—新しい認知の理論》（岩波科学ライブラリー12），岩波書店，１９９４。

9 原廣司，《空間〈機能から様相へ〉》，岩波書店，１９８７。

10 渡辺仁史、中村良三等，「人間—空間系の研究 その6—空間における人間の分布パターンの解析」，《日本建築学会論文報告集》No.221，１９７４、頁25～30。

11 佐野友紀、高柳英明、渡辺仁史，「空間—時間系モデルを用いた歩行者空間の混雑評価」，《日本建築学会計画系論文集》No.555，２００２，頁１９１～１９７。

12 高柳英明、長山淳一、渡辺仁史，「歩行者の最適速度保持行動を考慮した歩行行動モデル　群衆の小集団形成に見られる追跡—追従相転移現象に基づく解析数理」，《日本建築学会計画系論文集》No.606，２００６，頁63～70。

13 中島義明、大野隆造，《すまう—住行動の心理学》（人間行動学講座３），朝倉書店，１９９６。

14 舟橋國男編著，《建築計画読本》，大阪大學出版會，２００４。

15 田中元喜、竹内有里、西澤志信、山下哲郎，「実場面における滞留と移動の環境行動に関する考察」，《日本建築学会計画系論文集》No.572，２００３，頁49～53。

16—大佛俊泰、佐藤航，「心理的ストレス概念に基づく歩行行動のモデル化」，《日本建築学会計画系論文集》No.573，2003、頁41～48。

17—鈴木利友、岡崎甚幸、徳永貴士，「地下鉄駅舎における探索歩行時の注視に関する研究」，《日本建築学会計画系論文集》No.543，2001，頁163～170。

18—本章介紹的研究是由西田浩二、濱田勇樹、佐藤知、小野寺望、氏原茂將、藤木俊太、坂口大洋、菅野實共同執行。

a 小野田泰明、西田浩二、小野寺望、氏原茂將，「動き分布図を用いた空間特性の把握に関する研究」，《日本建築学会計画系論文集》No.619，2007，頁55～60。

b 小野田泰明、氏原茂將、濱田勇樹、堀口徹，「人の動き分布を用いた場の記述に関する研究—せんだいメディアテークにおける動き分布図」，《日本建築学会計画系論文集》No.71，2003，頁63～68。

c 佐藤知、小野田泰明、坂口大洋、新しいユニバーサルスペースにおける施設利用者の空間把握特性に関する研究」，《日本建築学会学術講演梗概集》E-1，2011，頁909～910。

第三章

1 Amos Rapoport, "A Cross-Cultural Aspect of Environmental Design", pp.7-46, *Human Behavior and Environment*, Vol.4 «Environment and Culture», Plenum Press, New York and London, 1980.

2 Amos Rapoport, *Human Aspects of Urban form: Towards a Man-Environment Approach to Urban form and Design*, Pergamon Press, New York, 1977.

3 Marcus Vitruvius Pollio, *De architectura* /ウィトルーウィウス著、森田慶一譯，《ウィトルーウィウス建築書》（東海選書），東海大學出版會，1979。此處《建築十書》中關於「實用」的解釋，是由東北大學副教授飛ヶ谷潤一郎指導。

第四章

1 石井威望、桂英史、伊東豊雄、伊東豊雄建築設計事務所，《せんだいメディアテークコンセプトブック》，NTT出版，2001。

2 磯崎新等，《せんだいメディアテーク設計競技記録誌》，仙台市，1995。

3 小野田泰明，「コミュニケーション可能態としての建築へ」，《新建築》3月號，新建築社，2001，頁218~221。

4 日経アーキテクチュア編，《平田晃久＋吉村靖孝》（NA建築家シリーズ06），日経BP社，2012。

第五章

1｜鈴木成文，《51C白書─私の建築計画学戦後史》（住まい学大系），住まい圖書館出版局，2006。

2｜鈴木成文，《「いえ」と「まち」─住居集合の論理》（SD選書190），鹿島出版會，1984。

3｜小野田泰明，「空間とデザイン」，阿部潔、成實弘至編，《空間管理社会─監視と自由のパラドックス》、新曜社，2006。

4｜山本理顯、《新編 住居論》（平凡社ライブラリー），平凡社，2004。

5｜鈴木成文、上野千鶴子、山本理顯、布野修司、五十嵐太郎、山本喜美恵，《「51C」家族を容れるハコの戦後と現在》，平凡社，2004。

6｜小野田泰明，「ダイヤグラム」，小嶋一浩、ヴィジュアル版建築入門編集委員会編，《建築の言語》（ヴィジュアル版建築入門5），彰國社、2002。

7｜Sanford Kwinter, "The Hammer and the Song", *OASE*, 48 «Diagrams», NAi Publishers, Netherlands, 1998.

第六章

1　小川洋，《なぜ公立高校はだめになったのか—教育崩壊の真実—》，亜紀書房，2000。
2　佐藤學，《カリキュラムの批評—公共性の再構築へ—》，世織書房，1997。
3　樋田大二郎、耳塚寛明、岩木秀夫、苅谷剛彦編著，《高校生文化と進路形成の変容》，學事出版，2000。
4　本田由紀，《多元化する「能力」と日本社会—ハイパーメリトクラシー化のなかで—》（日本の〈現代〉13），NTT出版，2005。
5　周博、西村伸也、岩佐明彦、高橋百寿、和田浩一、長谷川敏栄、林文潔、渡邊隆見，「単位制高等学校の建築計画に関する研究—居場所の特性と情報伝達の仕組み（その1）」，《日本建築学会計画系論文集》No.553，2000，頁115～121。
6　本章介紹的研究是由谷口太郎，金成瑞穂，菅野實共同執行。小野田泰明、谷口太郎、金成瑞穂、菅野實，「総合学科高校における空間構成と生徒の行動選択」，《日本建築学会計画系論文集》No.625，2008，頁519～526。
7　船越徹、寺嶋修康、諏訪泰輔，「横須賀総合高等学校における新しいハウス制の提案・計画」，《日本建築学会技術報告集》No. 17，2003，頁333～336。
8　《GA Japan》No. 50，エーディーエー・エディタ，トーキョー，2001。
9　伊藤俊介、長澤泰，「小学校児童のグループ形成と教室・オープンスペースにおける居場所選択に関する研究」，《日本建築学会計画系論文集》No. 560，2002，頁119～126。
10　上野淳，《未来の学校建築—教育改革をささえる空間づくり—》，岩波書店，1999。

11｜Christian Norberg-Schulz, *Il significanto nell'architettura occidentale*, Electa Editrice, Milano, 1973. クリスチャン・ノルベルグ＝シュルツ著，前川道郎譯，《西洋の建築—空間と意味の歴史—》，本の友社，１９９８。

第七章

1｜小林秀樹、鈴木成文，「集合住宅における共有領域の形成に関する研究—その１・２」，《日本建築学会論文報告集》No.307，１９８１，頁１０２～１１１，No.319，１９８２，頁１２１～１３１。

2｜小林秀樹，《集住のなわばり学》，彰國社，１９９２。

3｜古賀紀江、高橋鷹志，「一人暮らしの高齢者の常座をめぐる考察—高齢者の住居における居場所に関する研究 その1」，《日本建築学会計画系論文集》No.494，１９９７，頁９７～１０４。

4｜橘弘志、高橋鷹志，「一人暮らし高齢者の生活における住戸内外の関わりに関する考察」，《日本建築学会計画系論文集》No.515，１９９９，頁１１３～１１９。

5｜井上由起子、小滝一正、大原一興，「在宅サービスを活用する高齢者のすまいに関する考察」、《日本建築学会計画系論文集》No.556，２００２，頁１３７～１４３。

6｜吉田哲、宗本順三，「近隣とのつきあいと視線によるプライバシーの被害意識の関係—転居地毎の居住経験のインタビュー」，《日本建築学会計画系論文集》No.542，２００１，頁１１３〜１１９。

7 栗原嘉一郎、多胡進、藤田昌美、大藪寿一，「集団住宅地における配置形式と近隣関係」，《日本建築学会論文報告集》No.69-2，１９６１，頁３６９〜３７２。

8 青木義次、湯浅義晴、大佛俊泰，「あふれ出しの社会心理学的効果—路地空間へのあふれ出し調査からみた計画概念の仮説と検証 その２」，《日本建築学会計画系論文集》No.457，１９９４，頁１２５〜１３２。

9 友田博道，「高層住宅リビングアクセス手法に関する領域的考察—住居集合における開放性に関する領域的研究・２」，《日本建築学会計画系論文報告集》No.374，１９８７，頁61〜70。

10 住宅総合研究財団，《すまいろん》２００８年冬号（第85号），「特集＝21世紀型の公営住宅デザイン」，２００８。

11 Y. Onoda, M. Kanno, T. Sakaguchi, "New Alternatives for Public Housing in Japan", EDRA, 36, The Environmental Design Research Association (EDRA), Vancouver, 2005, pp.61-67.

12 本章介紹的研究是由北野央、河村葵、坂口大洋、菅野實共同執行。小野田泰明、北野央、菅野實、坂口大洋，「コミュニティ指向の集合住宅の住み替えによる生活変容とプライバシー意識」，《日本建築学会計画系論文集》No.642，２００９，頁１６９９〜１７０５。

13 Irwin Altman, "Privacy Regulation: Culturally Universal or Culturally Specific?", *Journal of Social Issues*, 33-3, John Wiley & Sons, New York, 1977, pp.66-84.

14 Niklas Luhmann, *Vertrauen: Ein mechanismus der reduktion sozialer komplexität*, F. Enke, Stuttgart, 1968. ニクラス・ルーマン著，大庭健、正村俊之譯，《信頼—社会的な複雑性の縮減メカニズム—》，勁草書房，１９９０。

第八章

1　小野田泰明，「せんだい演劇工房 10BOX」，《新建築》7月號，新建築社，2002，頁177～178。

2　小野田泰明，「文化ホールの地域計画と建築計画に関する研究」，東北大學博士論文，1994。

3　小野田泰明，「東北大学百周年記念会館・萩ホール」，《新建築》5月號，新建築社，2009。

第九章

1　William M. Peña, William Wayne Caudill, John Focke, *Problem Seeking: An Architectural Programming Primer*, 1st edition 1969, 5th edition 2012, Cahners Books International, Boston, 1977. ウイリアム・ペニヤ著，本田邦夫譯，《建築計画の展開—プロブレム・シーキング—》，鹿島出版會，1990。

2　Wolfgang F. E. Preiser, Harvey Z. Rabinowitz, Edward T. White, *Post-Occupancy Evaluation*, Van Nostrand Reinhold, New York, 1988.

3—Jon Lang, *Creating Architectural Theory: The Role of the Behavioral Sciences in Environmental Design*, Van Nostrand Reinhold, New York, 1987. ジョン・ラング著，今井ゆりか，高橋鷹志譯，《建築理論の創造—環境デザインにおける行動科学の役割—》，鹿島出版會，1992。
4—吉武泰水，《建築計画の研究—建物の使われ方に関する建築計画的研究—》，鹿島出版會，1964。
5—青木正夫，「建築計画の理念と方法」，《建築計画学》8（学校1），丸善，1976。
6—吉武泰水等，《建築計画学》（全12卷），丸善，1968~1977。
7—西山夘三，《日本の住まいI~III》，勁草書房，1975~1977。
8—住田昌二+西山卯三記念すまい、まちづくり文庫，《西山卯三の住宅・都市論—その現代的検証》，日本經濟評論社，2007。
9—「吉武泰水山脈の人々」編集委員会編，《吉武泰水山脈の人々　建築計画の研究・実践の歩み》，鹿島出版會，2011。
10—布野修司，《戦後建築論ノート》，相模書房，1981。
11—長澤泰、伊藤俊介、岡本和彦，《建築地理学》，東京大學出版會，2007。

第十章

1　宮本太郎，《自由への問い2　社会保障―セキュリティの構造転換へ》，岩波書店，２０１０。

2　小野田泰明，「創造的復興計画の策定に向けて―撓まず屈せず、釜石市の計画作り」，《自治研》53，626（2011―11）〈特集　復興計画と自治体〉，自治労出版センター，２０１１，頁１５３～２５８。

3　Y. Onoda, "Exiting His Comfort Zone", Jakarta Post (2012.02.10)

4　《建設通信新聞》，2012 年 11 月１日 12 面，http://kensetsunewspickup.blogspot.jp/2012/11/blog-post_1.html

5　阪神淡路大震災復興フォローアップ委員会，兵庫縣，《伝える―阪神・淡路大震災の教訓》，ぎょうせい，２００９。

6　小野田泰明，「ホワイトナイトかゲリラか―震災復興、建築家には何が出来るのか」，《新建築》12月号，新建築社，２０１２，頁43～48。

7　Y. Onoda, "Reconstruction Public Housing: The Case of Shichigahama-machi in Miyagi Prefecture", *The Great East Japan Earthquake 2011*, International recovery Platform (IRP) Secretariat, 2013, pp.71-75. 小野田泰明，「復興公営住宅～宮城県七ヶ浜町の事例から」，国際復興支援プラットフォーム，《東日本大震災 2011 復興状況報告書》，２０１３，頁67～71。

第十一章

1 古阪秀三，「建設プロジェクトの実施方式とマネジメントに関する国際比較研究」，《平成10・12年度 科学研究費補助金（基盤A）研究成果報告書》，日本學術振興會，２００１。

2 山田佳祐、辻本顕、坂口大洋、柳澤要、石井敏、岡本和彦、有川智共同執行。小野田泰明、山田佳祐、坂口大洋、柳澤要、石井敏、岡本和彦、有川智，「英国におけるPFI支援に関する研究　公共図書館のPFIにおける日英の比較を通して」，《日本建築学会計画系論文集》No.657，２０１０，頁２５６１~２５６９。

3 辻本顕、小野田泰明、菅野實，「日本におけるPFIの成立と公共建築の調達に関する研究」，《日本建築学会計画系論文集》No.605，２００６，頁85~92，3，坂井文，「近年イギリス都市計画におけるデザイン管理の支援システムに関する研究—CABE（建築都市環境委員会）設立の背景に着目して」，《日本建築学会計画系論文集》No.635，２００９，頁１５３~１６０。

4 David M. Gann, Ammon J. Salter, Jennifer K. Whyte, "Design Quality Indicator as a Tool for Thinking", *Building Research & Information*, 31-5, Taylor & Francis, London, 2003, pp.318-333.

5 発注者の役割特別研究委員会（代表・古阪秀三），「建築プロジェクトにおける発注者の役割特別研究委員会報告書」〈特別研究42〉，日本建築學會，。２００９。

6 山口康平、小野田泰明、山名善之、柳澤要、姥浦道生、坂口大洋，「フランス、ドイツにみる公共建築の発注手法に関する研究」，《日本建築学会学術講演梗概集》，頁35~36，２０１２。

1Y65

Pre-design的思想——實踐建築計畫的11個條件

作　　者　小野田泰明
譯　　者　蔣美喬、林與欣
發 行 人　楊榮川
總 經 理　楊士清
主　　編　陳姿穎
封面設計　姚孝慈
出　　版　五南圖書出版股份有限公司
地　　址　106台北市大安區和平東路二段339號4樓
電　　話　(02)2705-5066（代表號）
傳　　真　(02)2706-6100
劃撥帳號　01068953
戶　　名　五南圖書出版股份有限公司
網　　址　http://www.wunan.com.tw/
電子郵件　wunan@wunan.com.tw
法律顧問　林勝安律師事務所　林勝安律師
出版日期　2018年11月初版一刷
　　　　　2019年 6 月初版二刷
定　　價　新台幣380元

國家圖書館出版品預行編目資料

Pre-design的思想——實踐建築計畫的11個條件 /
小野田泰明著 ; 蔣美喬, 林與欣譯.
-- 一版. -- 台北市 : 五南, 2018.11
面 ;　公分
譯自 : プレ•デザインの思想
ISBN 978-957-11-9895-8(平裝)
1.建築工程
441.3　　107013851